U0379953

盆景制作与养护图解

[日]松井孝　监修
[日]关野正　指导
张文慧　译

机械工业出版社
CHINA MACHINE PRESS

观赏盆景的乐趣

盆景，能将大自然中生存的草木姿态在小小的花盆中再现，是以植物和山石为基本材料的艺术品。

虽然乍听起来似乎学问高深，但实际上并非如此。最开始时，尽管需要多花些心思才能使盆景存活下来，但是熟练之后，就能轻松地让盆景健康成长，并能通过盆景观赏到四季的风情。

因此，不懂观赏盆景的乐趣，实为一大憾事。那么接下来，从小小的一盆、两盆开始，让我们一步步地走近这个神奇的盆景世界吧。

盆景的魅力

清新的绿色

植物的魅力在于清新的绿色。盆景也不例外，在观赏的过程中，让我们去感受不同树种带来的不同绿色之美吧。

多样的树形

盆景的树形多种多样，如能让人联想到在林中亭亭玉立的直干式树形，让人感受到严酷环境下生长的自然的悬崖式和提根式树形，以及文雅不俗的文人木式树形等。我们可以通过盆景打造出自己喜欢的树形。

四季的变迁

春天的萌芽、初夏的新绿、秋天的红叶、冬天的立木，感受四季的丰富变化是盆景的一大魅力。

美丽的花果

早春的梅花、春天的樱花、初夏的杜鹃……和庭院中的花草树木一样，在盆景中也能欣赏到各种花卉。秋天还能观赏到多种鲜艳的果实。

目 录

CONTENTS

第二部分
如何制作盆景

第三部分
盆景的修整

Part. I

第一部分
盆景的乐趣和看点

代表日本园艺文化的盆景，正逐渐受到全世界人们的关注！尽管如此，仍有许多人对此知之甚少。为了让更多的人能了解这个充满魅力的艺术，就让我们通过此书，先从了解盆景的魅力开始，学习盆景相关的入门知识吧！

枫树盆景（高 10 厘米、宽 9 厘米），大西清二 藏品

近距离观赏盆景

一听到盆景，很多人往往会认为很难栽培、没有地方摆放，因此畏难而退。但是盆景的养护其实可以很轻松、很简单。尤其是一些可以放在手掌上的小盆景，因为体积小，能自由放置在任何地方。在桌上当作装饰，还能增添古风韵味。所以下面，就让我们从小小的一盆开始，过上有盆景相伴的潇洒生活吧。

手掌般大小的小盆景，能让人自由地想象和观赏，可谓乐趣多多。本图为枫树微型盆景（高10厘米、宽12厘米）

装饰窗边的五针松小品盆景（高13厘米、宽15厘米）

装饰桌面的文人木式树形的枫树盆景（高 17 厘米、宽 17 厘米）

装饰桌面的枫树微型盆景（高 10 厘米、宽 10 厘米）

装饰玄关鞋架的五针松盆景（高12厘米、宽25厘米）。窗边也排列着可爱的小盆景（从左至右分别为鞍马羊齿、枫树、五针松、枫树）

丛林式树形的日本红枫树苗盆景（高 15 厘米、宽 34 厘米）

高约 10 厘米的枫树微型盆景

文人木式树形的枫树盆景（高 18 厘米、宽 18 厘米）

装饰古镜台柜的文人木式树形的枹栎盆景（左，高 30 厘米、宽 20 厘米）和枫树微型盆景（右，高 10 厘米、宽 12 厘米）

石韦和卷柏盆景

放在砖块上的五针松小品盆景（高 12 厘米、宽 15 厘米）

文人木式树形的枫树盆景（高 15 厘米、宽 13 厘米）

盆景的观赏要点

盆景，通过小盆再现了自然中的草木姿态。倘若能在小树中窥探到自然的雄伟，就可以说是一盆好盆景。但是刚开始的时候，许多初学者由于对盆景不甚了解，往往不知道该如何鉴赏。不过只要了解观赏的要点，就能辨别盆景的好坏。

当然，一百个人眼中就有一百个哈姆雷特，盆景好不好也因人而异，但在众多盆景中，总会有些公认的好盆景。盆景之美，是日本人长年累月培养出来的审美意识的结晶。了解盆景的观赏要点后，对盆景的感受自会有很大的变化。

树形

首先要观察整株树的模样。倘若树干和枝干能保持良好的平衡，就是一个好的树形（参见第 36~61 页）。另外，盆景有正反面之分，虽然也有两面都具有观赏性的树形，但是一般会从正面进行观赏。

枝条的布局

枝条的布局是指讲究在哪里出现什么样的枝条。在盆景中，枝条的左右布局和长度需要保持良好的平衡。

叶性

一般认为，叶子大小、朝向、颜色等条件都好的叶子具有好的叶性。盆景里的树本身就很小，所以叶子也要小。为此，需要栽培者平时多加注意修剪叶芽，想办法让叶子保持小巧的状态。

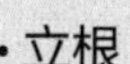

立根

从根部到树枝最下端的枝条之间的部位称为立根，也是观赏树干时，看得最清楚的部位，可以说这部分的好坏决定了盆景的品质。

树皮

树皮的手感是盆景的看点之一。有像锦松（黑松的一种）那样，树皮坚硬、独具魅力的；又有像榉树和日本紫茎等，树皮光滑、受人喜爱的。

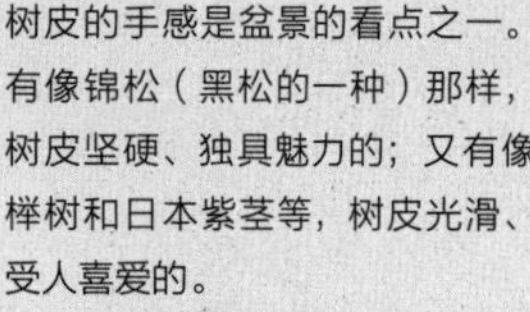

盆

盆的形状、大小、颜色等需要与树保持平衡。根据树种和树形的不同，需要用到不同的盆，松柏类常用泥盆，杂木类常用釉盆。同时，盆与盆下的“装饰台”和“底板”之间的平衡也十分讲究。

根张

根露出土表的部分称为根张。特别是一些直干式树形的树，根部看起来像向四面八方扩展，紧紧地抓地一样，是理想的根张状态。榉树、山毛榉等古树中，还会有根根相连的“盘根”景象。

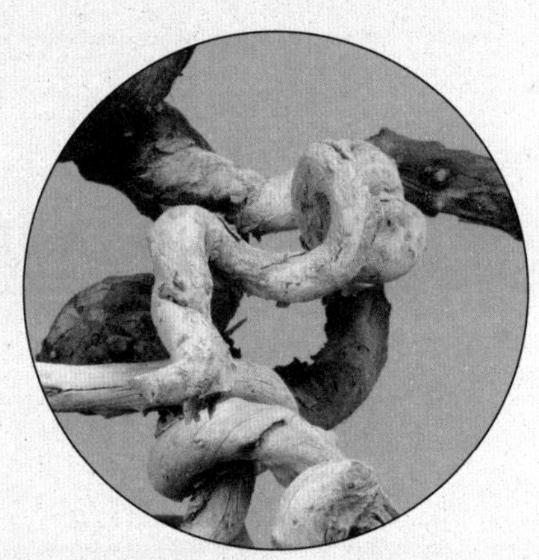

舍利干与神枝

树干枯萎，树皮脱落，只留下树芯的部分被称为舍利干，变成此种状态的树枝被称为神枝，由此赋予树木独特的风格。有人为了打造出这样的盆景，还进行专门的人工剥树皮。真柏、杜松都是塑造该形的首选树木。

树干的模样

树干的弯曲方式和粗细的变化就叫作树干的模样，是盆景的重要观赏点。

各种各样的盆景

盆景的种类繁多，通过盆景，可以欣赏到栽种在盆里的花草树木及果实、叶子等的形态。按树的大小，可分为微型盆景、小品盆景、中盆景、大盆景等；也可按树形分为直干式、模样木式、文人木式等，但一般会按植物种类来划分。从下一页开始，将给大家介绍一些具有代表性的树种，在此之前，我们先将树种分为三类进行介绍。

松柏盆景

松树、柏树（刺柏类）等被归为松柏类（针叶树类）盆景，大多是常绿树木。该类盆景的树木结实、不易枯萎、树枝易弯折，可以打造多样的树形。而且有很多古树树龄超过百年。松柏类可以说是盆景的代表。

杂木盆景

除草物、松柏盆景以外的盆景称为杂木盆景。该类盆景树种多样，有的会开出美丽的花朵，有的会结出美丽的果实。树木落叶多，通过冬天的树木姿态、新绿、红叶等，可以欣赏到四季不同的景色。在杂木盆景中，主要用于欣赏叶姿的称为叶物盆景，欣赏花的称为花物盆景，欣赏果实的称为果物盆景。

草物盆景

松柏盆景和杂木盆景是木本植物，而由草本植物塑造的盆景就是草物盆景。该类盆景多种多样，既可以欣赏到花朵，也可以看到美丽的叶姿，因为能在短时间内赏到花，所以最近该类盆景很受欢迎。

黑松

学名◆ *Pinus thunbergii*

白沙青松，是日本具有代表性的自然风景，其中所述的松树正是黑松。黑松多分布于日本本州、四国、九州海岸附近地区，叶子呈刚硬的针状，树皮呈黑褐色，粗糙刚毅，所以被称为“男松”。常绿，随着树龄的增长，其风格也会随之变化，充满魅力。树性强健，能承受强修剪和套金属丝来改变树形，所以可制成多种树形的盆景。长势良好，即使从幼树开始培育，也可以很快形成可观赏的盆景。因此，可以说黑松是最适合做成盆景的树种。

高 20 厘米、宽 28 厘米，关野正 藏品

五针松

学名◆ *Pinus parviflora*

由 5 片针状的叶子结成 1 束而得名。自然生长于日本北海道、本州、四国、九州等地区的山地。短小端正的常绿叶与灰白色粗糙的树皮相协调，别具一格。小枝易萌芽，幼树的枝干有弹性所以易于做成各种树形，如直干式、模样木式、悬崖式、风吹式、文人木式等。树性强健，对环境也有适应能力，但要注意幼树应避开盛夏强烈的阳光直射，以及过湿、多肥的情况。和黑松一样十分适合做成盆景。

高 11 厘米、宽 13 厘米，关野正 藏品

赤松

学名◆ *Pinus densiflora*

黑松自然生长在海岸附近，而赤松遍布于日本，从海岸一直到内陆都能看到。树皮和冬芽呈红褐色，可以此跟黑松区别开来。粗糙刚毅的黑松被称为“男松”，而赤松叶呈浅黄绿色、细长，树皮呈红褐色，树姿柔和，因此被称为“女松”。在树形上，适合做文人木式、模样木式和斜干式。如果做成盆景，很难培育出自然树那样的红褐色树皮，但是赤松盆景有着和黑松盆景不一样的味道。

高 17 厘米、宽 17 厘米，关野正 藏品

鱼鳞云杉

别名◆ 赤虾夷松

学名◆ *Picea glehnii*

日本盆景中的鱼鳞云杉是指赤虾夷松。在日本的北海道和本州地区，只有岩手县的早池峰山上自然生长有该树种。叶子短小，小枝常分叉，即使是小树也能展现出大树般的魅力。浅绿色的萌芽别具一格，被称为“常绿树之花”。可制成直干式、模样木式、悬崖式、文人木式、矮性的八房种等树形的盆景，也适合做成小品盆景和附石式盆景。

高 40 厘米、宽 60 厘米，关野正 藏品

真柏

别名◆ 偃槙

学名◆ *Juniperus chinensis* var. *sargentii*

适合做盆景的真柏，在日本又名偃槙，自然生长于北海道海岸、本州、四国、九州等山地，树干呈横向爬行，弯曲生长。在白骨化的舍利干上丛生着纤细鲜艳的绿叶、布满着有光泽的褐色吸水线的真柏，能让人感受到苍劲矫健的古树风姿。比起直干式树形，真柏更适合制成模样木式、文人木式、斜干式、悬崖式等树形。

高 18 厘米、宽 28 厘米，关野正 藏品

高 20 厘米、宽 28 厘米，苔圣园 漆畑信市 藏品

杜松

别名◆ 刚桧、崩松

学名◆ *Juniperus rigida*

在日本自然生长于本州、四国、九州地区的杜松，个体差异大、类型多。木质部分非常坚硬，即使树皮脱落导致木质部分呈白骨化，也很难腐朽，是与真柏一样为以舍利木和神枝为看点的树种。可用扦插的方式简单繁殖，幼树也容易弯曲，可以打造各种各样的树形，因此非常适合做成盆景。

东北红豆杉

别名◆ 紫杉

学名◆ *Taxus cuspidata*

在日本自然生长于北海道到九州，从各地的亚寒带针叶林到温带林都有，为雌雄异株的常绿乔木。富有光泽的深绿色叶子和红宝石般通透的红色小果十分美丽，在松柏盆景中是独特的存在。树皮呈红褐色，纵向浅裂，如同在深山生长般古朴，深受盆景爱好者们的喜爱。常见树形为直干式、模样木式、丛林式等。虽然树木材质坚硬，但树苗的树干也可以用金属丝弯曲塑形。

高 23 厘米、宽 37 厘米，苔圣园　漆畑信市 藏品

高 30 厘米、宽 18 厘米，关野正 藏品

日本柳杉

学名◆ *Cryptomeria japonica*

日本的特有树种，在日本北起青森，南至屋久岛，分布广泛。树姿挺拔秀丽，红褐色的树皮随着树龄的增长，会出现浅裂，形成细长的纹理，从而更显古朴的韵味。树形多为直干式，也有分干式、连根式等。品种繁多，还可以培育成枝细叶小的八房杉。

榉树

别名◆ 光叶榉

学名◆ *Zelkova serrata*

在日本本州、四国、九州自然生长的落叶乔木。主干直立，中间分出粗枝。树皮呈灰白色、平滑，但随着树龄增长，树皮就会变得粗糙，呈斑纹状剥落。细枝茂密，树冠呈扫帚状。春天的萌芽、夏天的绿叶、秋天的褐叶、落叶后的枯树等，一年四季都能欣赏到不同的盆景风貌。特别是在冬天，树上伸展开来的小枝姿态，展现出榉树独特的美感。如同扫帚般的自然树形深受盆景爱好者们的欢迎。该树也适合制成分干式和丛林式等树形。树性强健，耐修剪，萌芽力强，生长快，短时间内即可培育成可供观赏的盆景。

高 50 厘米、宽 40 厘米，关野正 藏品

山毛榉

学名◆ *Fagus crenata*

落叶乔木，在日本从北海道到九州的山地中都有生长，白色的树干是其一大特征。像矛头一样的新芽如同绽放的丝绵般由内而外慢慢吐露，别具一格。夏天灿烂的绿叶十分美丽，枯萎时呈涩柿色的叶子挂在树枝上为寒冬增添了一抹风情，展现出山毛榉独特的寂寥感。虽然是生长在山岳地区的树木，但树性强健，能很好地抵御寒暑，耐修剪，萌芽力强，生长迅速且旺盛。盆景结实易养，有单干式、双干式、分干式、丛林式等树形。

高 12 厘米、宽 18 厘米，
苔圣园　漆畑信市 藏品

高 25 厘米、宽 28 厘米，关野正 藏品

枹栎

学名◆ *Quercus serrata*

落叶乔木，在日本北海道南部、本州、四国、九州地区都有分布，是日本杂木林的代表树种之一。春天的萌芽、初夏的新绿、夏天的绿叶、秋天的红叶和果实，每个季节都能欣赏到它的树姿。作为杂木盆景，在春秋两季具有特别高的观赏价值，闪耀着银灰色的叶芽，以及枝条上挂着橡子的模样让盆景的“颜值”提高不少。树干自然弯曲，植株强健，小枝多分叉。

槭树

属名◆ 槭属

学名◆ *Acer* spp.

槭树是秋景里的代表性树种，因为在秋天可以观赏其美丽的红叶，而广受人们的欢迎。虽然槭树是对槭科槭属植物的一个总称，但是在盆景中，我们一般将鸡爪槭、山槭这样叶缘锯齿多、深裂的树种称为槭树。鸡爪槭在日本福岛县以西到四国、九州的太平洋一侧都有生长；山槭在青森县到福井县的日本海一侧。槭树树性强健，可以做成各种树形，非常适合做成分干式和丛林式树形。

3 月，新芽开始长出时的盆景姿态。高 25 厘米、宽 30 厘米，松崎绫子 藏品

上图的盆景到了初夏时的姿态

槭树的实生苗

三角槭

别名◆ 唐枫

学名◆ *Acer buergerianum*

盆景中所说的枫树主要是指三角槭。原产于中国，从很久以前就传到日本，常用作庭院树和行道树，贴近人们的日常生活。树皮平滑、灰褐色，枝叶对生，叶上部3裂。春天的萌芽、夏天的绿叶、秋天的红黄叶、冬天的枯树，能让人观赏到不同的季节风情。树性强健，耐强剪，切口可很快复原，即使剪坏形状也能重新修整，所以能塑造各种树形。

高18厘米、宽17厘米，关野正 藏品

野漆

学名◆ *Rhus succedanea*

原产于中国，现在日本关东以西的山野中也会自然生长的一种落叶乔木。漆树科植物，修剪叶、芽时，流出的汁液沾到皮肤上会引起皮疹，所以容易患皮疹的人在接触该树时要注意戴好手套。因为树有蜡，因此在日本又常被叫作“蜡树”。鲜艳的红叶是该盆景的一大看点。到了秋天，红叶会比红枫类树木更为红艳、夺目。栽种后的第一年就能欣赏到鲜艳的红叶，因此十分受盆景爱好者的欢迎。3月中旬～4月上旬将种子直接撒播在浅盆中，长成的1年生实生苗即可让我们欣赏到漂亮的红叶。

种在苔玉里的野漆实生苗，高15厘米、宽10厘米

木瓜海棠

学名◆ *Chaenomeles sinensis*

原产于中国的落叶乔木。树皮呈褐绿色，树龄增长后，树皮呈鱼鳞状剥落，变得更加光泽，树干上形成美丽的条纹。春天，在长出叶子的同时会绽放出浅红色的美丽五瓣花。果实呈椭圆形或倒卵形，长 10~15 厘米，秋天成熟变黄，散发香气。结出硕大果实的木瓜树在果物盆景中具有王者般的风范。因为果实成熟的样子独具魅力，所以比较适合做成斜干式和模样木式等树形。

高 18 厘米、宽 32 厘米，苔圣园　漆畑信市 藏品

高 10 厘米、宽 12 厘米

腺齿越橘

学名◆ *Vaccinium oldhamii*

在日本北海道、本州、四国、九州地区的山地自然生长的落叶灌木。由于新梢、新叶泛红，如同野漆的红叶般，因此在日本又叫“夏栌”（野漆在日本又名“栌树”）。秋天的红叶很是漂亮。5 月左右，在新梢的尖端，黄红褐色的钟状小花向下开放。果实为球形的浆果，9~10 月成熟变黑。会萌芽、开花、结果、长红叶，富有野趣，变化多样，因此十分受盆景爱好者的喜爱。适合打造突出树干自然形态的树形。

星花玉兰

别名◆ 日本毛玉兰

学名◆ *Magnolia stellata*

在叶子开放之前，可观赏到枝头上绽放的大白花，是春天花物盆景的代表树种，自然生长在日本本州中部的山地，为落叶小乔木。因为日本辛夷一般为 6 瓣花，而星花玉兰的花瓣纤细，有 14~15 片，故在日本又名“币辛夷”。因为是赏花用的盆景，所以适合制成分干式、模样木式、双干式等偏自然风格的树形。

高 9 厘米、宽 21 厘米，苔圣园　漆畑信市 藏品

野山楂

学名◆ *Crataegus cuneata*

原产于中国的落叶灌木，古代作为药用传入日本。小枝呈刺状，叶子3~5裂，浅裂。4~5月新梢顶端的白色小花簇拥绽放。在树枝顶端突出的球形果实在10月左右成熟后呈红色或黄色。落叶后果实仍不会掉落，为秋冬两季的盆景增添了一抹色彩。因为是灌木，所以适合塑造成模样木式、半悬崖式、分干式树形。

高16厘米、宽20厘米，苔圣园　漆畑信市 藏品

高16厘米、宽23厘米，苔圣园　漆畑信市 藏品

日本紫茎

学名◆ *Stewartia monadelpha*

在日本关东以西到四国、九州地区的山地都可见到。与其同属的夏椿在日本名为“娑罗树”，而日本紫茎的花朵和叶子比夏椿的要小，故得名“姬娑罗”。其树皮为红褐色，有独特的平滑纹理，所以又叫“猿滑”。春天银红色的萌芽，初夏清秀可人的白花，夏天浅绿的叶子，秋天的红叶，冬天的纤细树姿，一年四季都具有观赏性，因此很受人们的欢迎。因其自然弯曲生长的特点，适合制成模样木式、丛林式等树形。

九州杜鹃

学名◆ *Rhododendron kiusianum*

自然生长于日本九州高山地带的杜鹃花属植物，分生很多细枝，叶子密生。最早于 5 月左右在枝头每次绽放 2~3 朵的形式开出浅红色或紫红色的小花。沿着树冠盛开的花姿别具一格，自古以来就常被人们用作花物盆景。其品种多样，如花色奇异的品种、矮型品种等。多塑造成分干式、风吹式等自然形态的树形。

高 18 厘米、宽 25 厘米，关野正 藏品

高 30 厘米、宽 35 厘米

皋月杜鹃

学名◆ *Rhododendron indicum*

花美、结实，容易塑形，是花物盆景最为普及的一种树种。杜鹃花属植物，常绿，一般在 6 月开花。由于杜鹃花类易于嫁接，且容易发生突变，因此被不断地改良，培育出了许多品种。花色、花形、叶形等变化丰富。生长快，萌芽好，易于整形，所以可以做成各种树形。

山茶花

属名◆ 山茶属

学名◆ *Camellia* spp.

山茶是以野山茶为主的山茶花属植物，以及由此培育出的园艺品种的总称。目前通过嫁接培育出许多园艺品种，花色和花形也变得多种多样，常被人们用作盆景和庭院树木。在早春绿叶还很少的时候，光亮的绿叶表面和叶影处盛开的花姿，给人带来了一丝暖意。因为树皮很薄，难以用金属丝定型，所以盆景中的树形，一般为自然形态。茶梅和茶树也是山茶花属植物。

高 25 厘米、宽 10 厘米

高 20 厘米、宽 30 厘米，关野正 藏品

栀子花

学名◆ *Gardenia jasminoides*

常绿灌木，在日本本州中部以西、九州、冲绳等海岸附近的山地大量生长。夏天开放的纯白色花朵散发着诱人的芳香，因此常被人们种在庭院中。果实黄熟不裂，如同不张口般，所以在日语中，栀子花又有“无口”之名。果实在秋天黄熟，可药用和作为染料。花和果实具有观赏性，适合做成盆景，深受人们喜爱。多塑造成自然的分干式树形。

梅花

学名◆ *Prunus mume*

作为新年十分受欢迎的装饰盆景，其魅力之处在于不畏霜降的严寒，能开出清丽的花朵，散发着馥郁的香气。古色古香的粗糙树皮和弯曲的枝条也颇富雅趣，是人们喜爱的花物盆景。相传在古代，梅花从中国传到日本，之后经过不断地改良培育出了许多品种。树性强健，容易整形，无论做成什么样的树形都能展现出独特的韵味。

高 15 厘米、宽 20 厘米

高 20 厘米、宽 15 厘米

豆樱

学名◆ *Cerasus incisa*

被称为富士樱、箱根樱的小型樱花。从日本北海道到冲绳有很多野生的樱花且品种繁多，但是其中，豆樱是最常被制成盆景的樱花品种。小枝分叉，叶、花都是小型的。樱花是日本的国花，而樱花盆景是装饰阳春季节的代表性花物盆景。豆樱树性强健，可做成各种树形。古色古香的枝干，还能为室内增添一抹韵味。

梨

属名◆ 梨属

学名◆ *Pyrus* spp.

成熟的果实十分漂亮，花也是该树的看点之一，在 4 月左右盛开的白花，看上去清新秀丽。做盆景时适合选用果实较小的树种。梨树种类繁多，有像铃梨一样花朵美丽、小果密集的树种，也有可以欣赏到红叶的品种。改良后可食用的大果中，名为“长十郎”的品种较为罕有。小果品种与大果品种相比，容易分枝，细枝上也能结果，所以适合做盆景，一般为模样木式树形。

铃梨（高 13 厘米、宽 15 厘米），关野正 藏品

石榴

学名◆ *Punica granatum*

石榴原产自印度及中近东地区，经中国、朝鲜半岛传入日本，后被培育出许多园艺品种。作为水果十分普及，也很适合做盆景。在花少的初夏时节开始绽放，临近秋天会开出鲜艳的朱红色花朵。果实大而形状独特，甚至能让树枝垂下，我们可以一直观赏到冬天。夏天可观赏花朵，冬天可观赏果实，是深受人们喜爱的花物盆景和果物盆景。扭曲的树皮纹理具有粗犷的美感。

高 23 厘米、宽 28 厘米，关野正 藏品

长寿梅

学名◆ *Chaenomeles japonica* 'Chojubai'

木瓜海棠属植物，是日本海棠的园艺品种。长寿梅是在日本本州、四国、九州的山野中常见的小灌木，叶小、叶面光泽，四季开花，所以在日本名为“长寿梅”。从花少的早春开始，一年四季都会开出可爱的鲜红色花朵（也有白花品种），让人们大饱眼福。果实在秋天成熟变黄。枝条常分叉，根据此树性，长寿梅在盆景中常被塑造为分干式和连根式的自然树形。

高 13 厘米、宽 20 厘米，关野正 藏品

苹果

属名◆ 苹果属

学名◆ *Malus* spp.

制作成盆景的苹果属树种有垂丝海棠、冬红果海棠、西府海棠、深山海棠、姬苹果等。垂丝海棠的浅红色花朵下垂绽放，姿态美丽而得其名；西府海棠结果多，果实成熟后变为黄色；从秋天到初冬，深山海棠会在长长的碎花顶端垂下红宝石般的果实，非常具有观赏性。这些树种都可以塑造成半悬崖式或模样木式等树形。

西府海棠（高 9 厘米、宽 14 厘米），
苔圣园　漆畑信市 藏品

深山海棠的花（高 12 厘米、宽 15 厘米）

深山海棠的果实（高 15 厘米、宽 13 厘米）

淡黄新疆忍冬

学名◆ *Lonicera morrowii*

在日本北海道、本州、四国、九州的山野中自然生长的落叶灌木。5月左右从新梢的叶腋处长出花柄，通常先开2朵花，因花色从白色渐渐变成黄色而得此名。10月左右，会结出2个粘在一起的红色熟果，形似葫芦，故而在日本又名“葫芦树”。花、果各具观赏性，可制作成盆景。树形多为其树干的自然形态。

果实光泽红艳，但是具有毒性，所以要注意不能误食。

高9厘米、宽13厘米，苔圣园　漆畑信市 藏品

高8厘米、宽16厘米，苔圣园　漆畑信市 藏品

姬苹果

学名◆ *Malus×cerasifera*

原产于西伯利亚、中国北部，后传到日本。4月左右开出由浅红色变为白色的5瓣花，果实在秋天成熟变成暗红色，表面有蜡质般的光泽，在太阳的映照下十分美丽。结果多，树性强健，易于培养，是果物盆景中最受欢迎的盆景之一。树皮纹理白皙、光洁，适合培育成模样木式、斜干式、悬崖式等各种树形。

草物盆景

筑紫唐松草
学名　*Thalictrum kiusianum*

左起
龙胆
学名：*Gentiana scabra var.buergeri*

圆叶剑叶莎
学名：*Machaerina rubiginosa*

黄金风知草
别名：金里叶草
学名：*Hakonechloa macra 'Aureola'*

前面
爪莲华
学名：*Orostachys japonicus*

岩千鸟
学名：*Amitostigma keiskei*

牛鞭草
学名：*Hemarthria sibirica*

左起
石韦
学名：*Phrrosia lingua*

卷柏
学名：*Selaginella tamariscina*

盆景的树形

制作盆景时，可以根据自己的感觉培育出自己喜欢的树形，但是这也需要掌握一定的盆景知识和技术。通过观察自然树木，观赏盆景园中的优秀盆景作品，可以帮助自己加深对树形的理解。1 株实生苗最快也要花 3 年时间才能培育成具有观赏性的盆景。不过通过换盆的方法，即使是廉价的树苗，栽种之后也能变得具有观赏性。接下来就为大家介绍 16 种常见的树形和近期流行起来的新树形，以帮助各位掌握树形的基础知识。

直干式

1 根树干从根部开始直立挺拔，是最基础的树形。 ⇨ P38

斜干式

1 根树干从根处开始斜向上生长的树形。 ⇨ P40

双干式

自根部向上生长出 2 根树干的树形。 ⇨ P40

三干式

3 根树干向上生长的树形。和双干式、三干式相反，直干式、斜干式、模样木式等均为 1 根树干的称为“单干式树形”。

扫帚式

虽然有点像直干式，但是该树形的树干上部树枝分叉，如同倒立的扫帚般。 ⇨ P41

模样木式

1 根树干左右弯曲的树形，和直干式一样是盆景的基础树形。 ⇨ P42

蟠干式

如同在模样木式树形的基础上，将树从上往下压后，从根处开始整株树扭曲变形的树形。 ⇨ P44

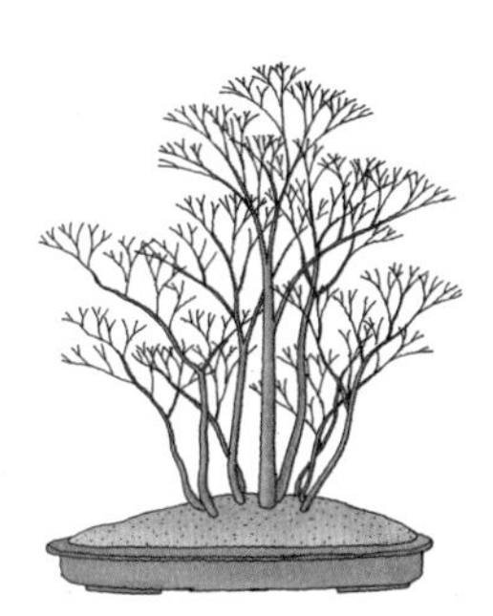

丛林式

由多株草木组合而成的树形。该树形的魅力点在于，即使是树苗也能让其立刻具有观赏性。 ⇨ P55

提根式（露根式）

根部高高地露在外面的树形。

⇨ P45

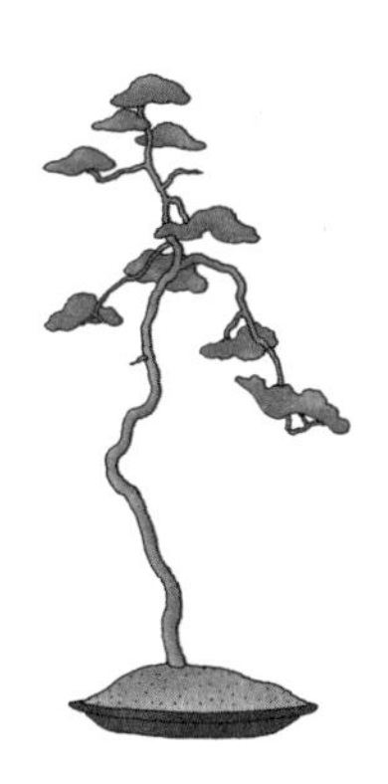

文人木式

弯曲细长的树干上长有少数枝条，这些枝条巧妙地平衡于空间之中，是颇富雅趣的一种树形。 ⇨ P46

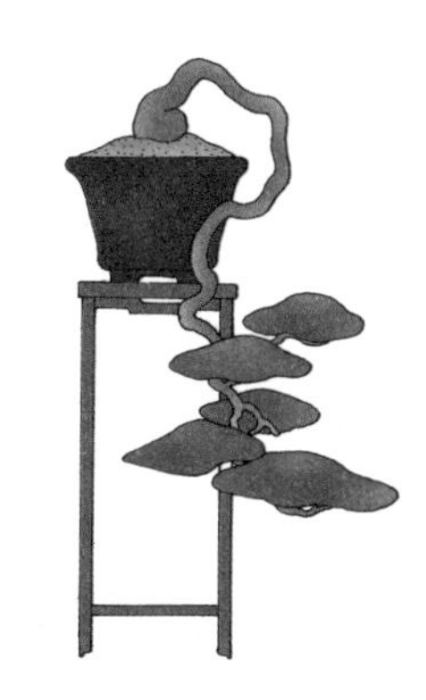

悬崖式

如同在岩壁上生长的树木般，树干和枝条垂下生长，并低于盆底的树形叫悬崖式树形。

⇨ P48

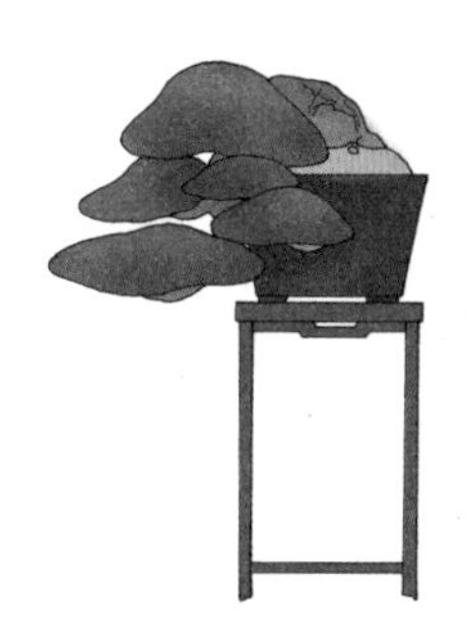

半悬崖式

虽然是悬崖式树形的一种，但是树干和树枝并不低于盆底。 ⇨ P48

风吹式

枝干向着同样的方向生长，如同顺风流动般的树形。 ⇨ P49

分干式

有 5 根以上的树干从表土立起的树形。 ⇨ P50

连根式

有好几根树干立起，这些树干的根部又是相连着的树形。 ⇨ P51

附石式

树木在石上生长的树形，分为根部插入盆土里的抱石式和树在石上的贴石式两种。 ⇨ P52

新树形

具有新的想象性、独创性的树形，有树干大胆弯曲、与树根融为一体的树形，也有树根长长生长、别具一格的树形。因这些树形颇具特点和新颖性而逐渐受到许多人的关注。 ⇨ P56

直干式

拔地而起，直立生长的树形。根部张开，如同牢牢抓住地面一般，树干往上逐渐变细，分枝四周保持良好的平衡，犹如参天大树般。黑松、日本柳杉、槭树、枫树等树种都可以培育成该树形，其中松树、日本柳杉、扁柏尤为合适。

日本柳杉（高 24 厘米、宽 25 厘米），苔圣园　漆畑信市 藏品

槭树（高 40 厘米、宽 30 厘米），关野正 藏品

上图的槭树在初夏时的姿态

斜干式

一根树干向左右任意一侧倾斜的树形，不仅有斜斜伸直的树干，也有像模样木式的树干稍微弯曲的树形等。在海边的自然环境中，树木常受到同一处风向的作用，因而常常能在这些地方见到斜干式树形。制作盆景时，和直干式不同的是，要注意把握好树枝的布局和长度的平衡。树干倾斜的另一侧需要有牢牢抓住地面的树根，以保持稳定。赤松、黑松等都适合培育成该树形。

赤松（高 12 厘米，宽 20 厘米），关野正 藏品

双干式

自树根处向上立起 2 根树干的树形。制作盆景时要注意把握好主干和副干的平衡。槭树、榉树、杜松等都适合培育成该树形。

鸡爪槭（高 40 厘米、宽 30 厘米），关野正 藏品

扫帚式

模仿榉树的自然姿态的树形。在落叶的冬天，独立的枯木姿态是该树形盆景的看点。小品盆景从实生苗开始培育，3~4 年后便可育成。

实生苗培育到第 3~4 年形成扫帚式树形的榉树盆景

榉树（高 50 厘米、宽 50 厘米），关野正 藏品

模样木式

树干左右歪曲的树形，是自然界中常见的树木形态，也是盆景中最多见的树形。树干弯曲、分枝变化丰富，几乎所有的树种都适合该树形。

黑松（高 19 厘米、宽 30 厘米），苔圣园　漆畑信市 藏品

五针松（高 12 厘米、宽 12 厘米），关野正 藏品

黑松（高 12 厘米、宽 12 厘米），关野正 藏品

枫树（高 12 厘米、宽 12 厘米），关野正 藏品

石榴（高 25 厘米、宽 28 厘米），关野正 藏品

蟠干式

立起的粗干被强行扭曲的树形。黑松、真柏适合塑造成该树形。

黑松（高 12 厘米、宽 13 厘米），关野正 藏品

赤松（高 13 厘米、宽 15 厘米），关野正 藏品

黑松（高 15 厘米、宽 13 厘米），关野正 藏品

黑松（高 13 厘米、宽 13 厘米），松井孝 藏品

提根式（露根式）

常见于山地的斜面、悬崖、海岸等地方，是在风雨、波浪等冲击之下，树根高高露出地面的树形，展现出自然粗犷的一面。栽种的时候，要露出长长的伸展的树根。黑松、真柏、槭树、枫树等许多树种都适合培育成这样独具个性的树形。

枫树（高 20 厘米、宽 7 厘米），
关野正 藏品

五针松（高 20 厘米、宽 34 厘米），
苔圣园　漆畑信市 藏品

黑松（高 20 厘米、宽 30 厘米），松井孝 藏品

文人木式

文人木式为不合常规的树形，在培育过程中通常会尽量去掉弯曲的细长干枝，只留下上部分的枝条，并让留下的枝条之间保持良好的平衡，以此留白，富有雅趣。赤松、真柏、枹栎等实生苗或扦插苗都适合该树形。

赤松（高 12 厘米、宽 10 厘米），大西清二 藏品

五针松（高 80 厘米、宽 50 厘米），关野正 藏品

枹栎（高 28 厘米、宽 30 厘米），关野正 藏品

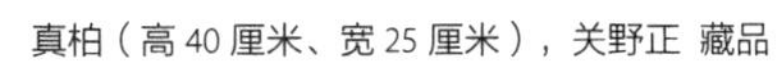

真柏（高 40 厘米、宽 25 厘米），关野正 藏品

枫树（高 35 厘米、宽 18 厘米），关野正 藏品

五针松（高 13 厘米、宽 9 厘米），大西清二 藏品

悬崖式

枝干垂下伸展，并低于盆底的树形。在悬崖绝壁的严酷自然环境中，由于受到了风雪等外力的影响，树木枝干无法向上伸展的姿态。在盆景中，可通过金属丝等工具将树干向下弯曲，换盆的时候改变角度，让横向伸展的枝条向下伸展。

黑松（上下 40 厘米、宽 40 厘米），关野正 藏品

五针松（上下 22 厘米、宽 35 厘米），苔圣园 漆畑信市 藏品

半悬崖式

虽然是悬崖式树形的一种，但是枝干并不低于盆底，比传统的悬崖式树形更易培育。

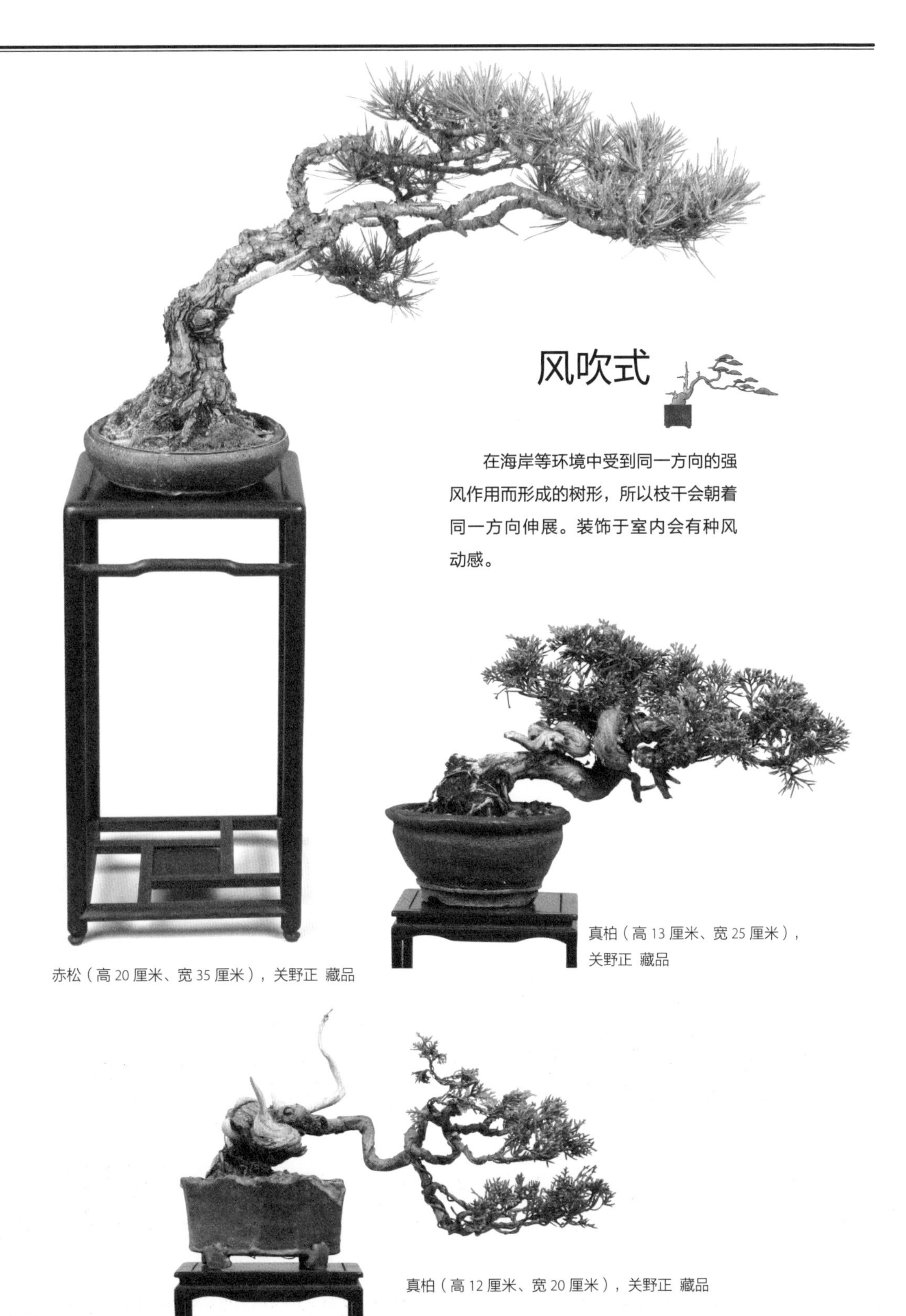

风吹式

在海岸等环境中受到同一方向的强风作用而形成的树形，所以枝干会朝着同一方向伸展。装饰于室内会有种风动感。

赤松（高 20 厘米、宽 35 厘米），关野正 藏品

真柏（高 13 厘米、宽 25 厘米），关野正 藏品

真柏（高 12 厘米、宽 20 厘米），关野正 藏品

分干式

有 5 根以上的树干立起的树形。树干的粗细和枝条的姿态变化丰富，1 盆盆景就能给人以身处小森林的感觉。自然状态下多根树干容易立起生长的杂树适合该树形。

枫树（高 62 厘米、宽 60 厘米），关野正 藏品

连根式

好几根树干立起，树干之间又连着同一树根的树形。1 株树就能表现出森林深处的模样，槭树、枫树、长寿梅等杂树适合该树形。

枫树（高 25 厘米、宽 50 厘米），关野正 藏品

长寿梅（高 15 厘米、宽 30 厘米），苔圣园　漆畑信市 藏品

附石式

通过树石搭配，可以营造出溪谷、悬崖绝壁、孤岛、海岸的岩石等比较严酷的自然环境。该树形有两种，一种为树根种入盆土内的抱石式树形，另一种为树长在石头上的贴石式树形。

枫树（抱石式，高 8 厘米、宽 8 厘米），大西清二 藏品

枫树（抱石式，高 15 厘米、宽 15 厘米），松井孝 藏品

枫树（抱石式，高 11 厘米、宽 15 厘米），关野正 藏品

枫树（抱石式，高 20 厘米、宽 15 厘米），松井孝 藏品

枫树（抱石式，高 22 厘米、宽 25 厘米），关野正 藏品

附石式

长寿梅（抱石式，高 22 厘米、宽 25 厘米），苔圣园　漆畑信市 藏品

五针松（贴石式，高 15 厘米、宽 20 厘米），关野正 藏品

丛林式

在一个盆里种植好几株树的树形，以此表现出森林的状态。

槭树（高 15 厘米、盆宽 34 厘米）。在这片由 9 株小树苗形成的“小森林”内，风从左至右吹拂而过。松井孝 藏品

名为“旭山”的樱花盆景（高 25 厘米、石宽 45 厘米）。种植时有意打造出在湖畔处绽放的樱花映照在水面上的模样，用土为酮土等（参见第 104 页），并在上面铺一层苔藓。松井孝 藏品

新树形

具有独创性的树形，在本书中归类为“新树形”，并在第 56~61 页中进行了总结和介绍，都是一些被认为颇具发展潜力的创新性树形。

新蟠干式

也可归类为蟠干式树形。这种树形的树木较矮但弯曲度高。虽然在古时的一些天然素材中，也能看到这种树形，但是近年来变得极为罕见。这种树形可以展现出树木经住风雪的无畏之姿，但想人工培育这样的树形，并不容易。

名为“避雨”的黑松盆景（高 35 厘米、宽 45 厘米），关野正 藏品

名为“圣”的黑松盆景（高 48 厘米、宽 60 厘米），关野正 藏品

五针松（高 40 厘米、宽 80 厘米），关野正 藏品

新提根式

根据传统的树形分类法，虽然可以归为提根式树形，但是新式的和传统的还是有区别的，那就是新式中露出的树根是非人为的，是盆内自然的树根造型，制作者只需对盆景进行少许的美观化调整就能培育成该树形。

黑松（高 68 厘米、宽 55 厘米），关野正 藏品

槭树（高 35 厘米、宽 56 厘米），关野正 藏品

名为“松韵十题”的黑松盆景系列作品之一（高 60 厘米、宽 60 厘米），关野正 藏品

新卧龙式

和前面提到的新提根式树形一样，都是利用盆内树根的自然造型，让长长伸展的根部露于中空处的树形。最初的树根长度是现在的 3~5 倍，树冠从上面像是垂钓下来般，而后树根逐渐折叠缠绕，最终形成树冠部分匍匐在地的树形。

黑松（高 30 厘米、宽 55 厘米），关野正 藏品

名为“焰”的黑松盆景（高 57 厘米、宽 55 厘米），关野正 藏品

该树形盆景是自速水御舟的代表作《炎舞》（日本文化遗产）中获得灵感，而后创作的作品，展现出《炎舞》中如飞蛾扑火般的摇曳舞姿，是一个细腻而梦幻的盆景作品

新丛林式

该树形如同巍然屹立的巨大松树般。从实生苗开始培育到现在约 40 年，起初盆里仅有单株黑松，后来增加至 2 株，之后更是增加了多株树干，并缠绕在老树干上形成的树形，从而展现出完全不同于传统丛林式所表现的森林景象。

黑松（3 株丛林式，高 33 厘米、宽 70 厘米），关野正 藏品

黑松（2 株丛林式，高 46 厘米、宽 90 厘米），关野正 藏品

Part. II

第二部分

如何制作盆景

小小的盆景价格适宜，也不用担心找不到地方摆放。制作盆景，也有一些入门的方法。了解方法之后，只需准时浇水，盆景里的植物就不会枯萎。下面就让我们一起来掌握这些培育要点吧。

枫树（高 8 厘米、宽 10 厘米），大西清二 藏品

盆景的获得

以前，将从山野中采集的树种种在盆里，便可制作盆景。但现在的城市生活不可能让人都去山野里采集树种，所以一般会在盆景园、园艺店等处购买。最近在家居店和普通的鲜花店里也有售卖一些盆景产品。

此外，也可以通过播种、扦插的方式培育盆景植物。待你能比较熟练地操作后，就去挑战一下吧。

购买盆景

培育盆景的第一步要从购买盆景开始。盆景园、园艺店有各种各样的盆景出售，产品多样，让人眼花缭乱。但是购买盆景时有一些注意事项，接下来就给大家进行介绍。

购买时间

什么时候买都可以，但因为夏天和冬天比较难养护，如果植物不适应这两个季节的气候，管理不当就会出现枯萎现象。所以建议最好在气候温和的春秋两季，尤其是初春和入秋的时候购买。

在哪里买

如果自己家附近有盆景园，可以先去看看。一般的盆景园内都会林立着很多高大壮观的树木，一角还有树苗等小品盆景专区。询问店家，会得到很多有用的建议，以及盆景养护方面的售后服务，所以建议最好在这类专卖店内购买盆景。如果家的附近没有这种专卖店也不用担心，家居店、园艺店、鲜花店等也出售各种各样的盆景，这些盆景体积较小，价格也比较实惠，很适合新手，可以根据要摆放的环境等情况，选购合适的盆景。

除了上述这些渠道，也有很多人在网上购买自己喜欢的盆景。网购方式让选择变得更多。

什么树种比较适合初学者

很多盆景初学者刚学习制作的时候，觉得杂木盆景可以观赏到秋天的红叶、花、果实等植物四季的变化，便选择这种。虽然松柏、真柏等松柏盆景缺少变化，且总会给人一种束之高阁、敬而远之的感觉，但松柏类比较结实且很少枯萎，也容易成形，所以建议初学者选择黑松、五针松、真柏等这些有代表性的松柏盆景进行培育。

要想杂木盆景开花结果，就要做好相应的养护工作。初学者想学习相关的基础知识，可以先从槭树、枫树、榉树、山毛榉等开始练起。

而一些想要立刻看到成果，等不及慢慢培育的人，草物盆景是个不错的选择。培育这类盆景，可以让人欣赏到四季里不同的美景。

选择什么样的树

虽都被称为盆景，但盆景的种类和大小却千差万别，价格也有从几十元就能买到的树苗，到几千元、几万元的珍贵树种等。那么，买什么样的树会比较好呢?

建议挑选有一定树形的树

一开始就买完好的成品当然是不错的选择，但成形的树木往往会因疏于管理而枯萎。所以建议初次接触盆景的人，可以尝试从小树苗开始培育。但是，如果选择的是1~2年的实生苗，到变成可以观赏的盆景，就需要花费很长时间，也就无法体会到盆景培育的乐趣了。所以一般建议从有一定树形的树开始培育会比较好。对于初学者来说，也更容易，能让兴趣保持下去。购买时，建议从盆景园、园艺店等出售的价格合适的盆景中，选择自己喜欢的。

各种各样的树苗

3~4 年生黑松实生苗

3~4 年生榉树实生苗

3~4 年生山毛榉实生苗

5~6 年生铃梨嫁接苗

3~4 年生枫树实生苗

生长在鞍马石上的野漆树苗

混栽树苗

这里推荐一种栽种方式——混栽，即将多株树苗合植于一个盆中。除了自己播种培育苗木的方式外，还可以购买市面上的一些小盆实生苗，把其栽种到浅盆、苔玉上，制作出具有观赏性的盆景。例如，栽种槭树、枫树、野漆等植物，可以欣赏到美丽的红叶。

一次性多买几盆

虽然可以只买1盆自己喜欢的盆景进行精心培育，但是只有1盆，就容易忘记浇水。考虑到这点，如果家中有4~5盆盆景，相信培育盆景的人也会多一些养护的动力，用于培育盆景的工具也会更加齐全。而且，拥有各类盆景还会从中得到不同的乐趣。所以如要购买盆景，建议多买几盆。

推荐初学者购买微型盆景。这种大小的盆景能简单通过蟠扎来调整树形，实现观赏的乐趣

左起：五针松、槭树、赤松、枫树、黑松

左起：附石式枫树、赤松、长寿梅、五针松、枫树

培育盆景的盆

树和盆的搭配也是盆景的魅力之一。在培育的过程中，可以用驮温盆等养生盆，但如果想要用来装饰，就建议用与树相匹配的釉盆。盆的形状、颜色、材料等各不相同，有素净的，也有带生动图纹的，可根据自己的喜好选择，享受培育盆景的乐趣。

盆与树的平衡

因为盆需要与所种树的大小和树形之间保持平衡，所以选盆的关键是要看盆的大小。入门的时候，初学者往往会挑选大盆，认为这样的大小应该会刚刚好，但是实际上，在很多情况下选择比想象中要小一圈的盆会更好。挑选大小合适的盆能让整个盆景魅力倍增。

盆的形状和颜色

盆有很多种形状，圆的、四角的、深口的、如盘子般浅口的或是不规则歪曲的……没有规定什么树必须配什么盆，根据自己的感觉挑选喜欢的盆就可以了，这也是盆景艺术的一大乐趣。盆的颜色也一样，因为无论什么颜色的盆都能用来培育，所以挑选自己喜欢的颜色即可。

各式各样的盆。上层左起：釜形盆、紫泥六角盆、无釉深盆、蓝花六角盆、朱泥长方形盆、无釉木瓜盆
中层左起：紫泥鼓形盆、无釉圆形盆、紫泥四角内凹方形盆、无釉圆形浅盆、紫泥长方形盆、钧窑圆形盆
下层左起：青瓷长方形浅盆、白交趾椭圆形浅盆、鞍马石

园艺店的售盆处

盆的价格有十几元到上万元不等

小野义真红豆釉圆形盆

紫泥木瓜盆

云足黑泥长方形盆

种在云足长方形盆上的枫树。盆和树形保持着良好的平衡，树也被映衬得十分好看

播种培育树苗

开始制作盆景时，一般人都会去购买树苗。但除了直接购买，也可以自己播种培育树苗。刚刚发芽的实生苗长得很可爱，再培育5~10年就可以做成很漂亮的盆景。之后用金属丝蟠扎出自己喜欢的树形，也是培育实生苗的乐趣之一。

播种的基础知识

盆景的播种方式和蔬菜、花草的播种方式基本一样。将树种播撒在小粒土上，然后薄薄地盖上一层土。在树种发芽之前，注意不要让土壤干燥。为此，建议在托盘中注入高1厘米左右的水，然后将盆放入其中。在树种发芽之前，不需要任何肥料。像垂丝海棠等被果肉包裹着的树种，要去掉果肉后再播种。

种植实生苗的快乐

从公园里捡来的松果和橡子也能用来培育盆景。即使是实生苗培育的第1年，也能享受到独特的乐趣，有兴趣的可以尝试一下。种子基本上都是即取即种的方式，秋天成熟的种子要在秋天播种。

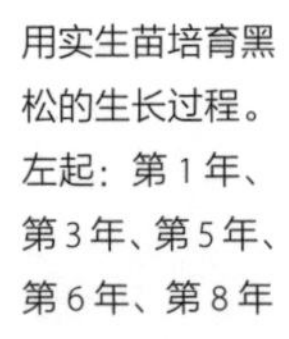

用实生苗培育黑松的生长过程。左起：第 1 年、第 3 年、第 5 年、第 6 年、第 8 年

种有许多槭树苗的丛林式树形盆景，第 1~2 年就具有观赏性

种在苔玉上的枹栎橡子萌发长成的幼苗

把实生苗培育成文人木式树形

我们可以较早地对实生苗进行塑形，从而培育成细茎顶部长有叶子的文人木式树形。树干弯曲方向可随意发挥，请用金属丝进行蟠扎，享受塑形的乐趣吧。

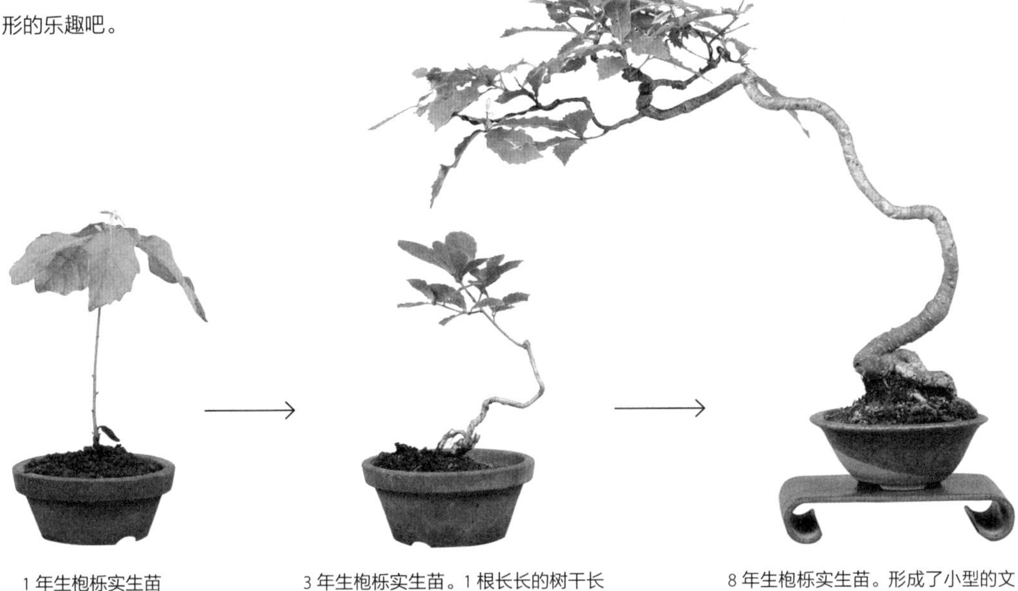

1 年生枹栎实生苗

3 年生枹栎实生苗。1 根长长的树干长成后，用金属丝蟠扎使其弯曲

8 年生枹栎实生苗。形成了小型的文人木式树形，十分具有观赏性

3 年生枹栎实生苗。长出侧芽后变成了双干树

8 年生枹栎实生苗。形成了别有一番趣味的双干文人木式树形

从实生苗到微型盆景的培育过程

1

1 年生黑松实生苗

2

2 年生黑松实生苗

3

3 年生黑松实生苗，是时候将每株树分开栽种了

4

刚拔出来的 3 年生苗，用金属丝蟠扎，弯曲塑形

5

以与茎成 45 度角的方式蟠扎金属丝

6

蟠扎完后的样子

小栏目

以播种的方式培育，会长出性状各异的树苗。再培育 3 年就能了解这些树苗的不同特征，可从中挑选出优质的树苗培育盆景。一般来说，枝条多、叶小而密的树苗适合制作成盆景。

7

将茎弯曲成自己喜欢的形状

8

把植株种在小盆里。之后的几年里，每年进行换盆

9

栽种后第 2 年（5 年生实生苗）的黑松。不需要进行摘芽等修剪工作，让其茁壮成长

10

栽种后第 4 年（7 年生实生苗）的黑松。换盆的时候，让植株露出根部能突显树形的风格

10 年生黑松。移入精致小巧的盆内，便可进行观赏

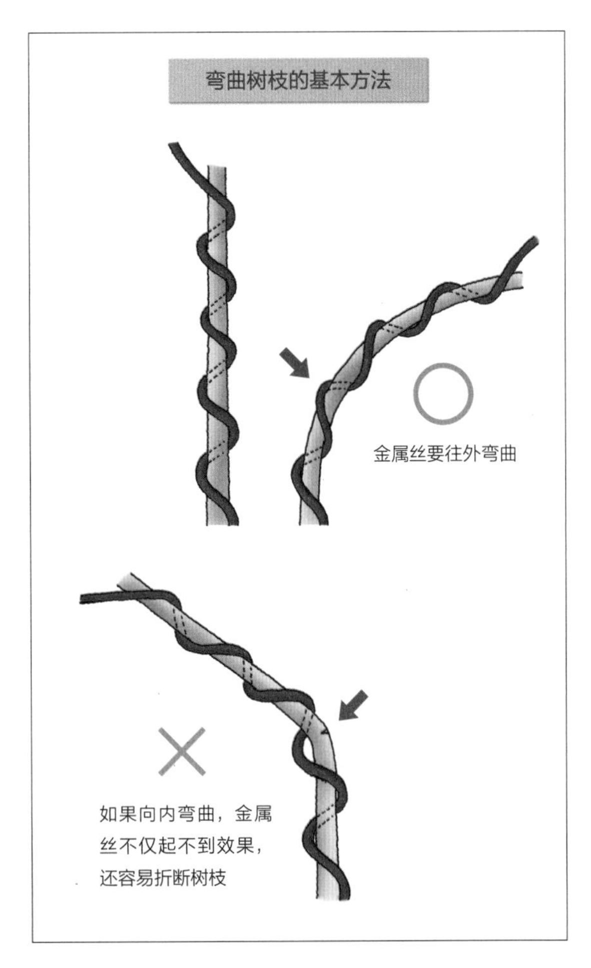

扦插繁殖

培育树苗，除了播种的方法外，还有扦插繁殖法。不同的树种，有容易发芽的和不容易发芽的，所以可以先进行尝试，看看哪一种方法比较适合所培育的树种。扦插带有一定弯度的树枝，可以让盆景更早成形。

繁殖和亲本植株同性状的树

扦插繁殖的好处，是可以繁殖许多与亲本植株相同性状的树。制作盆景时，即使是同一种类的树，不同的树也会有不同的差别。枝条细小、有许多小叶、整体矮小呈伞房状的树适合做盆景，要想繁殖此类树，最好采用扦插的方式。其他还有会开花结果、花朵漂亮的树等，也推荐用扦插的方式进行繁殖。

扦插后的管理

在新芽长出来之前，将盆景放置在稍微阴凉的地方，注意不要让植株干燥。在开始萌芽之前，不需要任何肥料。萌芽后，就说明开始长根了。此时将盆景转移到阳光充足的地方进行养护。用塑料袋覆盖扦插盆的培育法，被称为“密封扦插”。该法能有效抑制植株的水分蒸腾，使其能更好地成活。密封扦插的植株要在萌芽后除去塑料袋。任枝条生长，在第2年春天移植的时候，可修剪整形。

扦插新枝和老枝

一般在春夏两季扦插常青树，此外也有在秋天进行扦插的情况。落叶树多在春天扦插，也可进行绿枝扦插。插枝分为扦插新枝（扦插绿枝）和扦插老枝（春插）两种。扦插新枝即5月以后扦插当年长出的新枝；扦插老枝（春插），即扦插上一年及之前的成熟枝。新枝适合在5~6月进行扦插；如果为稍老的树枝（半熟枝），则可晚至9月进行扦插；老枝则在萌芽之前的2~3月进行扦插。扦插的树枝易于生根，是很多树都能采用的繁殖方法。如果使用弯曲的枝条或有分枝的枝条，就能快速培育成盆景。

真柏是比较容易扦插的树种。树干长长伸展的文人木式树形，富有雅趣

用扦插新梢法来繁殖真柏

1

剪取约 5 厘米长的新梢，将其作为插穗

2

剪取的插穗，有时候需要剪掉其下面的叶子，但像真柏等树，保留下面的叶子有助于扦插后植株的固定，所以建议保留。剪取之后应马上进行扦插，如果不能，就需要将插穗进行泡水处理

3

将干净的扦插用土（鹿沼土）放入盆中，然后将盆放入大的洗脸盆等容器内，让土能够从下面充分吸水。水面的高度与土表保持一致

4

用镊子夹住插穗插入土里，插入的深度约为插穗长度的 1/3

5

插穗之间间隔约 3 厘米

6

扦插完毕后，将盆从洗脸盆中取出。这时，在盆底脱水的引力之下，土壤收紧，从而使插穗固定

盆景的养护方法

盆景买回来，要想让它存活，就需要将盆景放到适合其生长的地方，并浇适量的水。同时，还要做好施肥、防治病虫害等工作。

摆放的场所

盆景原则上要放在阳光充足、通风良好的地方。树叶沐浴在阳光下，可进行光合作用，制造生长所需的主要养分。阳光充足时，光合作用也会旺盛，树就能茁壮成长。如果通风良好，空气和光线便可以到达盆景深处，内侧的芽得到充分滋养，树木也会更强健。这样的环境下湿度适宜，还能预防病虫害的发生。

盆景的摆放方法

盆景直接放在地上，不仅通风不好，而且盆土容易潮湿。另外，每次浇水和降雨时，溅起的土壤会污染树干和树叶，导致树木容易生病，生长状态变差。而且，盆景会更容易受到蚂蚁、蛞蝓等害虫的危害。所以，盆景一定要放在架子或台面上。

在夏天的摆放

夏天受烈日照射，杂木盆景的树叶容易被灼伤，不仅不能欣赏到树木秋天的红黄叶，还会对植株生长产生不良影响。因此，在午后阳光强烈照射的地方需要采取一些保护措施，如用寒冷纱遮光，或者移到午后阳光照射不到的地方。另外，还要保持合适的盆间距，使盆景能够有良好的通风环境。

在冬天的摆放

不耐寒的树和小枝多的树，在下雪或者连续几天都结冰的地方，应将盆景放置在没有暖气的明亮室内。这是为了让盆景中的植物能适应寒冷，使其具有季节感。如果将盆景放在室外，就要注意寒风的影响。在寒风中植株水分蒸腾剧烈，会导致树枝枯萎。就算是把盆景放在屋檐下，也要在迎风处做好挡风的保护措施。

在阳台的摆放

向阳和通风良好的阳台是适合盆景放置的地方之一。不过夏天温度容易升高，就需要做好相应的防暑降温措施。不要直接将盆景放置在阳光直射的地面上，因为地面会处于高温状态，不利于植株生长。建议搭建一个高40厘米以上的架子，将盆景放在上面，离墙面保持40~50厘米的距离。搁板用不易升温、容易保湿的木制材料，宜放置轻巧结实的盆。将架子做成梯田般层叠的样子，可让光照、通风条件变得更好，也更为美观。要注意的是，盆景之间要保持足够的距离，以保持良好的通风。

在庭院的摆放

在庭院里制作高0.5~1米的架子，将盆景放在上面可保持良好的通风，还能让盆景的养护工作变得轻松。架子之间保持一定的间隔，从而确保通行顺畅。

浇水

在自然环境中生长的树木，为了寻找水分，会让根遍布地下。而盆景因为盆里的土壤有限，就要及时浇水。一般当盆土表面变白、变干后，就要浇充足的水，直到水从盆底流出为止。

浇充足的水，直到水从盆底流出为止。与花盆等相比，盆景的盆相对较小，盆土更容易变干，所以要常常注意浇水

待土变干后再浇水

因为树根在盆土中生长，吸水的同时也需要呼吸。所以我们在浇水的时候，也要让盆内保持透气。如果盆土还未变干，就一盆接一盆地浇水，盆里就会因积水而处于缺氧的状态，导致根部腐烂。所以有这样的说法，盆景的枯萎，往往不是缺水引起的，而是浇水过多导致的。

冬天的浇水方式

冬天，树木也在不断生长。有叶的时候，如果缺水，叶子很快就会枯萎，所以看叶的状态便知树木是否缺水。但是当树木处于落叶期，枯萎的现象不会那么明显，栽培者就容易忽视这一问题，一旦缺水便会对第2年春天树的萌芽造成影响。冬天应在天气暖和的上午浇水，晚上盆内不能积水。天气寒冷，空气容易干燥，所以盆土会比想象中更容易变干。盆土变干的时候切记浇水。

梅雨季和夏天的浇水方式

梅雨季，雨淅淅沥沥地下着，表层土壤容易被打湿，有些人就会认为无须浇水，但这种雨量并不大，有时只是让表土变湿而已，实则盆里还是干巴巴的。而且枝叶茂盛的时候，叶子还会起到雨伞般遮雨的作用，使得雨水落到盆外。因此就算在下小雨，雨后仍然需要浇充足的水。夏天气温高，叶子的水分蒸腾剧烈，所以需要多浇点水。特别是一些种在小盆里的树木，缺水容易损伤根叶。建议选择在傍晚给叶子、盆土浇水，这样效果会比较好。给叶子喷水，不仅能冲刷叶面上的脏污和灰尘，还能降低树叶温度。

微型盆景因为盆小而特别容易变干。夏天有时需要 1 天浇水 2 次以上，如果不能频繁地浇水，就需要设法让盆土保持湿润。比如将沙子放入托盘中并浇水，然后在上面放置盆景，就是一个很好的方法。为了让托盘不积水，要在底部留孔

无法浇水时怎么办

因为旅行等原因2~3天不能浇水的时候，要事先做好浇水措施。可将盆移到阴凉处，在托盘里注入高1厘米左右的水，把盆景放入其中，以免盆土变干。但是这样的方法容易伤到植株的根部，所以在非必要的情况下不要这么做。

如果经常出差，需要一段时间在外而不能浇水，也可以考虑使用自动供水装置。在水龙头上安装定时器，设定每天固定的时间出水，即可实现定时浇水。市面上有很多种供水装置，比如喷头之类的淋浴式供水装置，还有用软管给盆土供水的供水装置等，大家可以根据自己的需要选择相应的装置。

盆景变干了要怎么挽救

再怎么注意，也可能有一不小心忘记浇水的时候，从而导致盆土变得干燥无比。这时要马上把盆景移到阴凉处，并浇充足的水。如果盆土的表面布满青苔，就难以吸收水分，为此可以先在托盘中装水，把盆景放在托盆内吸水30分钟后，再放回原来摆放的位置即可。

如果是容易变干的盆景，
建议采用双盆培育

施肥

若盆景只靠着盆内有限的土壤养分来生长，便会出现养分不足的情况。为了避免缺少养分，就需要施肥。

要想树苗变得健壮，就要好好施肥，才能让它茁壮成长

肥料的三要素

氮、磷、钾被称为肥料中的三要素，对植物来说是特别重要的养分。氮（N）被称为叶肥，不足时容易导致植株生长迟缓，叶子变为浅绿色；反之，过多则会枝繁叶茂，难开花。磷（P）被称为花肥、果肥，是开花结果必不可少的养分，不足时容易导致花期延迟或不开花。钾（K）被称为根肥，有助于根的生长。另外，植物还需要铁、硫、镁等许多元素，不过只需要微量，而且盆土中一般都含有。

肥料的种类

肥料包括有机肥（如油渣和鱼粉）和化学合成的肥料。从形状上看，有块状和粒状的固体肥料、液状的液体肥料、粉状的粉肥等；根据起效时间，可分为速效性肥料和缓释肥料。形形色色的肥料，在园艺店一般都有售。肥料成分的配比、功效等各不相同，特色也各异，请查看说明书，选择符合培养目的的肥料。对于初学者来说，一般推荐使用有机肥。

施肥期

盆景严禁多肥。根据树种的不同，施肥时间也有些不同，一般以树体进入活跃期的3～5月，和进入冬天开始需要养分的9～10月为主。但是对于培养树形的幼树而言，就需要从春天开始补充充足的肥料，以便生长健壮。而树枝密生的成年树，春天施肥易使枝条长得粗壮且硬，应在新梢停止生长后再施。所以，施肥时间应该结合自身的培养目的而决定。

肥料一般用油渣和骨粉混合而成的玉肥（已发酵完全），根据树的生长情况，在春秋两季施用。

置肥（将肥料放在土表）选用油渣型固体肥料，有大颗粒和小颗粒之分。小型盆景选择小颗粒比较好

速效性肥料，使用前需要用水溶解。注意浓度和施肥的时间间隔

要想对幼树进行塑形，就要给予充足的肥料，让其变得强健

需要给修剪过枝叶的盆景施肥，以便其长出新芽

最好不要给成形的小型盆景施过多的肥料。尤其是在春天，要控制施肥量

什么情况下不要施肥

对于即将成形的幼树，要从春天开始施加充足的肥料，使其变得更为强健。但对于已经成形的树木或想培育成微型盆景的，则要控制好施肥量。尤其是在初春的时候，如果在这一时期施肥，枝条会变得粗大，所以要控制好春天的施肥量。建议在秋天施肥，这样可以为冬天积蓄充足的养分。

另外，长势较差的树木，吸收肥料的能力会变弱，所以也要控制施肥量。将其放置在半阴处，并对叶子以喷雾方式给水，以恢复树势，然后根据情况再一点一点地施肥。

换盆时，会对植株的根部进行修剪，因为树根的切口需要2~3周才能恢复，所以建议在2~3周后再开始施肥。结果的植株，要在开花到结果期间控制好施肥量，因为在开花过程中施肥会导致树木恢复活力，果实掉落。

另外，在梅雨季和秋天连续阴雨的天气时，树根容易受损，此时不要施肥。

防治病虫害

一旦有病虫害，就要立刻进行防治，否则容易扩散到其他盆景上。即使拖延一天，也会让损失变大。

马尾松梢小卷蛾幼虫

先预防

在病虫害的问题上，要抱着防患于未然的态度，平时就要在这方面多加注意。在春秋两季，根据树种不同，建议喷药1~2次。在喷洒药剂的同时，也要做好养护工作。如果放置的场所不通风，就容易滋生病虫害；植株长势弱也容易被病虫侵袭。为此，培育盆景时，要注意盆景的放置位置、换盆、修枝、浇水、施肥等各个方面，留心做好养护。

药剂的选择

家庭园艺用的药剂，大致分为杀虫剂和杀菌剂。杀虫剂有直接消灭害虫的接触性杀虫剂，也有由根部吸收药剂成分，以消灭害虫的渗透性杀虫剂等。还有可以起到预防效果的喷洒式杀虫杀菌剂，可以同时防治病害和虫害。在使用时，要仔细调查病虫害出现的原因，选择合适的药剂，并且要仔细阅读包装上的说明后再使用。

喷洒药剂

喷药物前，要先做好防护工作，以免药剂喷洒到宠物、贵重的观赏盆景等。喷药时，要尽量在无风、凉爽的早晨进行。在气温较高的白天喷洒，容易引起药害。要从上风向往下风向喷洒，注意不要将药剂溅到自己身上。应将药剂喷洒到叶子背面和植株内侧。作为预防性药剂喷洒时，如果没喷完全，病虫害就会从没喷到的地方再次繁殖。所以不要只喷1次就觉得可以放心了，应在4～5天后再喷1次药，并且务必遵守药剂使用的注意事项。

被马尾松梢小卷蛾危害的黑松新芽

要预防病虫害，就要将盆景放置在通风良好的地方。盆与盆间隔开来，让植株的叶子能互不重叠。平时还要注意进行适当的修剪，以免树枝拥挤、混杂

主要的病害

病害	症状	易受害的树种	对策
赤星病	叶子上出现褐色的病斑	木瓜海棠、垂丝海棠、梨等	喷药
斑点病	叶子、果实出现黑褐色或灰色斑点	杜鹃花类、石榴等	喷药
白粉病	叶子上生有一层白色粉状物	红枫、樱花等	喷药
烟灰病	树干、枝叶变得污黑	栀子花、枹栎等	消灭介壳虫、蚜虫
叶筛病	树叶变成灰白色并脱落	黑松	除掉落叶，喷药

主要的害虫

害虫	症状	易受害的树种	对策
蚜虫	寄生在新梢、新叶上	梅花、海棠易受害	喷药，用水流冲洗
马尾松梢小卷蛾	啃食新梢	黑松	捕杀
杜鹃冠网蝽	叶子变得苍白、脱色	杜鹃花类	喷药
介壳虫	枝干上长着小贝壳状的虫子	许多树种	擦除，喷药
毛虫类	啃食花、叶	许多树种	捕杀，喷药

第三部分

盆景的修整

观赏美丽的树形是培育盆景的一大乐趣。为了塑造和维持树形，就要对植株进行修剪、蟠扎，这些都是修整盆景时必要的技术。对于初学者来说，刚上手的时候会感觉比较困难，不过多尝试和练习就能越来越熟练。

长寿梅（高 7 厘米、宽 9 厘米），大西清二 藏品

盆景并不是长得健康就好。如果长得很好，会因枝叶不断生长而树形变得凌乱不堪。通过修枝、剪芽的方法，可以使生长的芽变短、叶子变小，还能增加细小的枝条，以保持美丽的树形。因此，修整盆景是培育出理想树形的必要工作。

根据不同的目的修整盆景

培育的目的不同，盆景的修整方式也会有所不同。比如让树变大、让其长出很多细小的枝条或让其保持现在的树形等。并不是每一株树都要做同样的修整。我们应当结合培育的目的，有针对性地对每一株树做出相应的修整。

摘芽

摘取新芽尖的方式称为摘芽。摘芽可以抑制芽的生长，促使植株将养分传递给其他枝条，让小枝大量生长。其方法是用手摘下刚长出的嫩芽，也称为除芽。当二次芽很多时，也要进行摘芽工作，以便调整芽数。

蟠扎

剪芽

松柏盆景需要剪芽。盆景是将大树培育成小树来进行观赏的艺术，所以需要让盆景的叶子长小一些。春天刚萌发的新芽长势很好，此时叶子也会长得大，适宜修剪。之后长出的二次芽长势较弱，叶子也会比较短小。剪芽只针对生长状态较好的树木，树木不够强健或想要树木变大、树枝生长等情况下，就不要剪芽。

剪叶

与剪芽一样，是为了增加枝数、缩小叶子而进行的修剪工作。在槭树、枫树等杂木中，剪去初春从叶柄上长出的叶子后，叶腋里就会长出新的小叶。不宜一次性把所有的叶子都剪掉，一般要分2～3次进行。此外，为了让树能保持通风良好，还要适时摘叶。

修枝

修剪枝条以调整树形。因为任由树木生长，不仅茎叶会增多，枝条也会增多。为此，需要定期修剪，去除多余的枝条。

蟠扎

为了使树干和枝条朝自己喜欢的方向弯曲，就要给枝条蟠扎定型，这是制作盆景时最有趣的工作。一般情况下，先修剪多余的枝条，再进行蟠扎，塑成自己喜欢的树形。刚开始操作时会觉得比较困难，但是习惯了以后就可以让枝条很好地弯曲。

换盆

盆景生长在小盆里，用土很少，所以如果不换盆，植株长势就会变弱。如果是生长较快的树苗，每年都需要换盆；生长缓慢的成年树也要2～3年进行1次换盆。在重新栽种的时候，可以进行改动，如改变树的朝向、倾斜度，或者让树附在石头上生长等。

压条

如果想利用大树上端的枝条做成小盆景，可以通过压条的方式使得埋入土中的枝段生根，便可培育出新的小盆景。

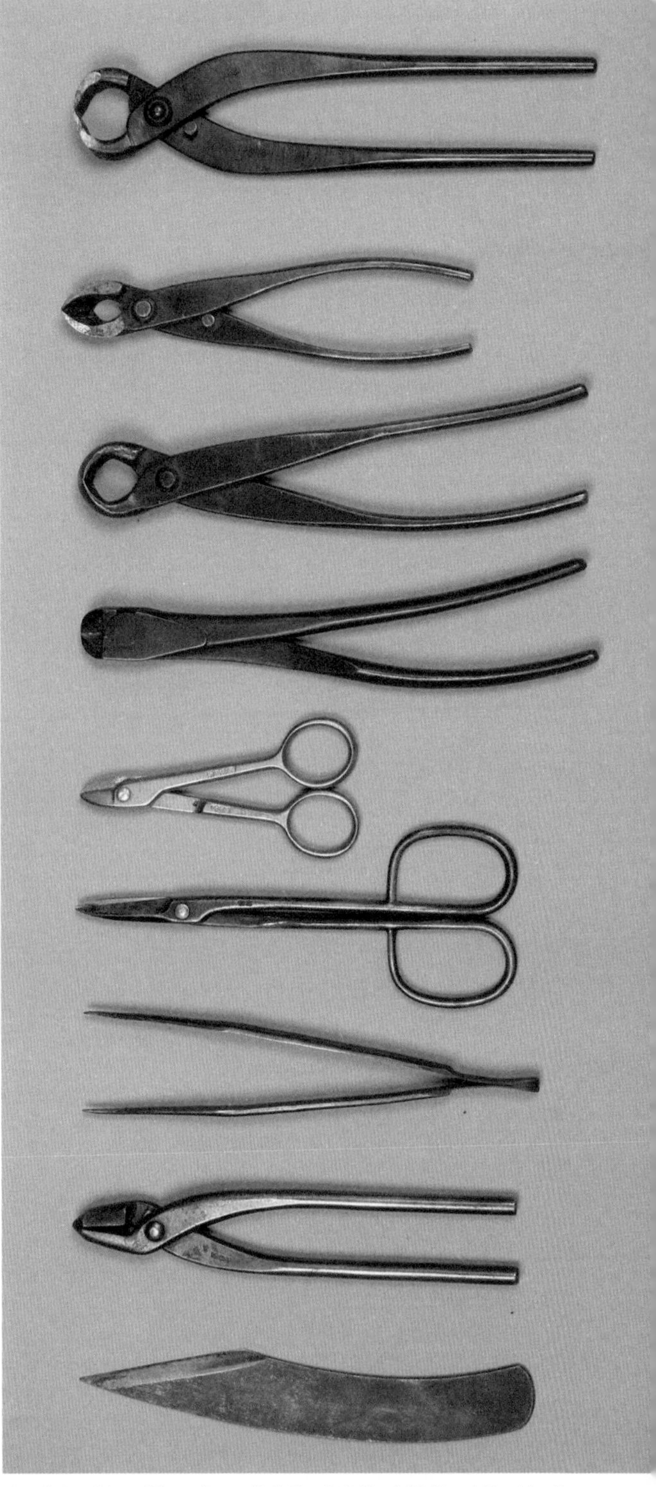

从下往上：割刀、钳子、镊子、修枝剪、断丝剪、断丝剪、球剪、斜口剪、切根剪

剪芽、摘芽

春天一到，新芽萌发，叶子长大，树形就容易乱。剪芽可以促进后续新芽的生长。大多数树种都是从叶腋处长出新芽，剪掉新芽之后，会促进二次芽生长，继而从枝节间长出许多小枝条，盆景变得枝繁叶茂。修剪新芽的时候，要保留上一年长出的叶子，用剪刀进行修剪。

剪芽（黑松）

1

图为长出新芽的黑松（6 月），修剪后可以促发二次芽

2

用剪刀从生长出来的新芽基部开始修剪

3

剪掉的新芽

4

减去了所有的新芽，之后植株会长出二次芽

有的树种会在春天到秋天一直不断地长出新芽，所以可以在长出新芽的时候进行摘芽。但如果在秋天晚些时候摘芽，在长出新芽之前便迎来寒冷的天气，枝条就会枯萎，所以10月以后就不要摘芽了。

在剪芽和摘芽之前要先施肥，以便树木具有良好的树势。剪芽和摘芽的时候，要仔细观察萌芽状态，强枝深剪，弱枝先等枝条再长壮一些后，再摘去其顶端。但是想后期培育成大树的树苗，就不要剪芽和摘芽了。

摘芽（五针松）

1

长出新芽的五针松。4 月下旬摘取长势强的新芽，每处都留 2 束芽

2

长出新芽之后，用手摘芽，但根基处的新芽要留下 3~4 束

3

也可以用剪刀剪掉

4

要想让树干变得粗壮些，建议保留约一半的新芽

剪叶

盆景是一种将大自然中生长的树木做成微型盆景的艺术，所以叶子也越小越好。为了让短枝长出小叶，就需要进行修剪。初春长出的枝条很长、叶子很大，但进行修剪之后，就会长出短枝和小叶。

1

长满新叶的鸡爪槭。修剪叶子后，长出小叶

2

叶子可以用手摘除，也可以用剪刀从叶柄正中处剪下

3

图为去掉约一半的叶子后的盆景模样。剩下的叶柄会自然掉落，所以可以放任不管

4

1~2 周后开始长出新叶，所以也可一次性把之前留下的叶子都摘除

槭树、枫树等杂木，在初春剪去新长出来的叶子后，就会从叶腋处长出新的小叶。有时也可以一次性把所有的叶子都摘下来了，但这么做消耗会比较大，所以最好分2~3次进行。此外，建议摘掉树体上层的大叶子，保留下层的小叶子，以便叶子大小保持一致。

当树叶过多，造成植株通风不良的时候，我们可以通过剪叶来改善通风状况。

1

5 月下旬，长满新叶的枫树

2

刚摘掉约一半叶子后的盆景，之后会密生小叶

黑松的树形修整

修剪枝叶往往与修整树形同时进行。下面就来看看该如何恰当地修整树形吧。下图为3月末新芽开始生长时，修整黑松树形的图片。

1

刚长出新芽的黑松微型盆景

2

首先，将所有长到第 3 年的老叶全部摘掉。可以用镊子，也可以直接用手

3

剪掉上一年长出来的多余枝条，每处只留下 2 根

4

用剪刀从枝条的基部剪去

5

将长条的叶子剪短，以便与新叶保持一样的长度

6

剪掉老叶和多余的枝条后的盆景，看起来清爽许多

7

变得干净、清爽的黑松微型盆景

因为树是不断生长的，如果放任不管，枝条就会伸长，枝条数也会增加。所以，定期修枝有助于保持树形。培育树形的过程中，需要分辨出哪些枝条需要修剪，哪些枝条不需要修剪。

很多时候这是很难区分的，当不知道该怎么下手时，可以先剪掉枝条混杂处的忌枝，然后根据树的整体情况再进行修剪。所谓的忌枝，有从一处伸出好几根枝条的车轮枝、从树干左右两侧伸出的闩枝、向树的内侧伸展的逆枝和笔直向上伸展的立枝等。这些忌枝都会打乱树形，建议看到后趁早修剪。

基础树形

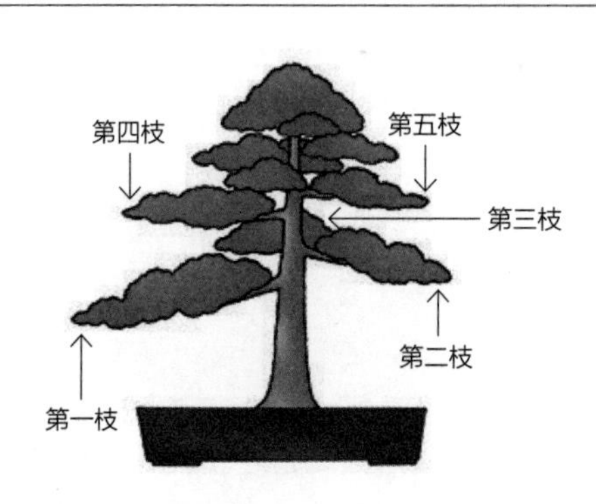

忌枝

闩枝（对生枝）
从同一处枝干上左右两侧生长出枝条，需要剪掉其中的一根

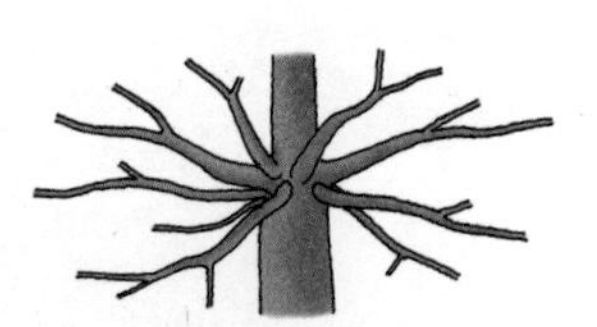

车轮枝（轮生枝）
从一处呈放射状地长出几根枝条，只需留 1~2 根，其余的剪掉

腹枝
从枝干弯曲的内侧长出的枝条

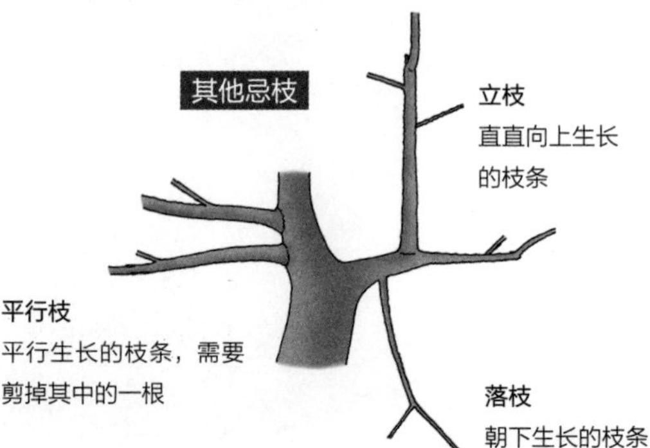

立枝
直直向上生长的枝条

平行枝
平行生长的枝条，需要剪掉其中的一根

落枝
朝下生长的枝条

即使不是忌枝，为了做成喜欢的树形，也有一些多余的枝条需要修剪。而具体要剪掉哪些枝条，留下哪些枝条，就要看个人的意向了。在这方面可以通过多看些好的盆景作品，提升自己的审美水平。

另外，树种不同，适宜修剪的时期也不同。细枝什么时候剪掉都没关系，但是粗枝，如果弄错了修剪期，可能会造成植株枯萎，所以应在恰当的时期进行修剪。一般来说，落叶树适宜在冬天的落叶期修剪，常青树宜在春秋两季修剪。但根据树种的不同，修剪期也有所不同，详细情况请参照各树种的管理方法。

五针松的修枝

1

向右生长的枝条破坏了盆景的平衡，可用剪刀将右枝从基部剪下来

2

刚剪掉枝条后的模样，变成了风吹式树形

日本柳杉的修枝

1

剪掉最下面的枝条，让树形变得更美

2

修剪完成后的模样

蟠扎

利用金属丝可以将枝条弯曲成自己喜欢的树形。首先，将金属丝呈螺旋状缠绕在要弯曲的枝条上，用金属丝的力量将枝条弯曲定形。之后，枝条就能呈现出理想的形态。

金属丝可以使用铜丝或铝丝。铝丝柔软，适合初学者使用。铜丝较硬，比较难处理，但因为效果好，所以适合用于松柏类等枝条较硬又有弹性的树种。金属丝的粗细有很多种，要根据需要弯曲的枝条的粗细选择。建议可以准备3~4种10号（直径3.2 毫米）到24号（直径0.5毫米）的金属丝。

蟠扎的方法

1

蟠扎前的五针松，一般从最上方的枝条开始缠起

2

准备 1 根比要蟠扎的枝条还要粗 1.5 倍的金属丝

3

先在枝条的基部缠绕金属丝以便固定

4

然后一圈一圈地往上缠

蟠扎的目的是通过改变树干和枝条的形态，以便能调整出自己理想的树形，这在一年四季都可以进行。一般来说，松柏类的适宜在3月和10~12月进行；杂木类宜在没有叶子的休眠期进行，但可能损伤新芽，所以建议初学者在新芽长成的梅雨季进行。

如果一直蟠扎着金属丝，随着树枝变粗，金属丝就会钻入树体里。为了避免这种情况发生，需要在非必要时拆下金属丝，等必要的时候再重新蟠扎。虽然树长粗的快慢因树种和树龄而异，但建议蟠扎时间不要超过1年以上。取下金属丝时，为了不损伤树枝，建议将金属丝剪成小段后再取下。

5

刚缠完金属丝时的模样，基本上是让枝条呈 45 度弯曲

6

缓慢弯曲枝条，保持金属丝向外侧弯曲即可（参考第 72 页）

7

以同样的方法蟠扎其他枝条，使枝条向整体比较协调的位置靠近

8

缠完所有金属丝后的盆景模样

换盆

小盆容量小，用土少，如果不换盆，植株就容易因为根部拥挤盘结而导致枯萎。因此，生长较快的树苗和幼树需要每年换1次盆，生长缓慢的成年树则每2~3年换1次盆。每次换盆都要换新土。换盆时期根据不同的树种而定，但多数树种宜在春秋两季进行。

土壤

一般是用70%~80%的赤玉土、20%~30%的鹿沼土或桐生砂的混合土，但杜鹃花类植物则以鹿沼土为主。不同树种，其适用的土壤也不尽相同，需根据具体情况来挑选。

换盆的顺序

换盆前，先将固定植株的金属丝剪断，将树从盆中拔出，用筷子或拨片把旧土拍掉。若为幼树，在尽可能地去掉旧土后，剪去长根的一半左右，然后种在新土中。

换盆时，要慎重决定树的朝向、倾斜度和种植的高度等，就算树形与以前不一样也没关系。然后考虑想要怎样的树形，由此决定把树种到盆里的什么位置。确定好栽种的位置后，用金属丝将树根固定好，使其稳固地种在盆土内，否则会因为扎根不稳而导致枯萎。

换盆后的养护

换盆结束后，要充分浇水，将盆景放置在半阴处养护1周左右。

换盆所需的用具

从上至下，从左至右：盆、土壤（准备中粒和小粒的赤玉土）和土铲、盆底垫片、拍落旧土用的筷子和拨片等、剪刀、钳子、金属丝（铝线）

换盆的顺序

1

要将右边露出根部的黑松换到左边的角盆中。盆的大小一般比树小一些为宜

2

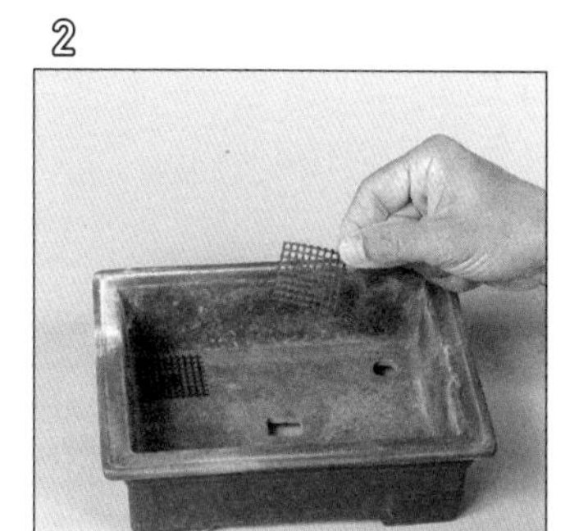

在盆孔处放上垫片，用金属丝将垫片固定住

3

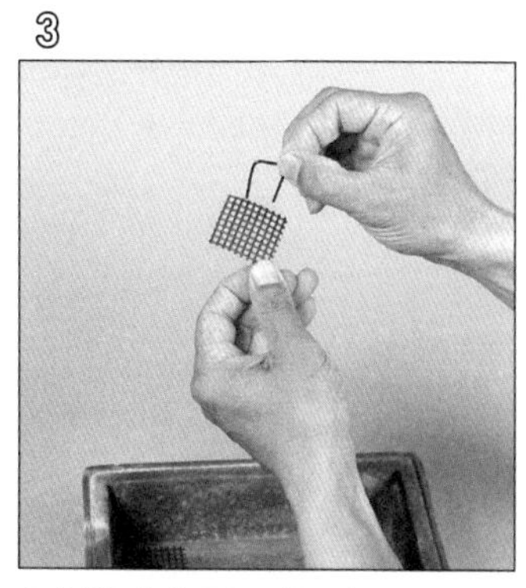

弯曲剪短的金属丝，然后穿过垫片

4

图为金属丝穿过垫片后的样子。金属丝两端的间隔宜跟盆孔差不多大

5

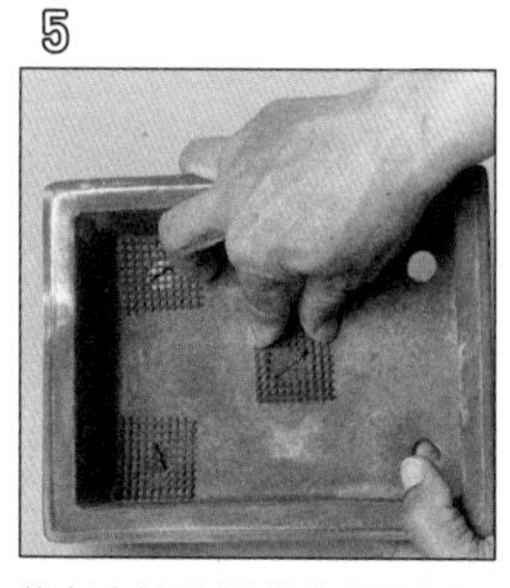

将穿过金属丝的垫片穿过盆孔

6

图为盆底外部的样子。修剪金属丝，让盆孔露出的金属丝长 1~2 厘米

7

从外面弯曲金属丝，以固定垫片

8

按照以上同样的方法填补所有的盆孔

9

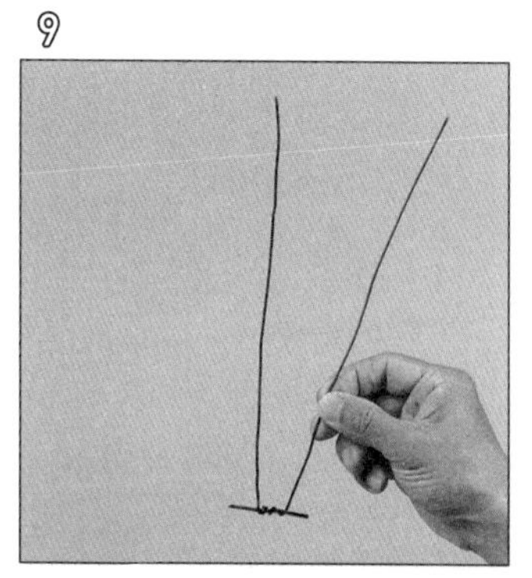

图为准备用来固定树木的金属丝。将细金属丝缠绕在 3~5 厘米长的粗金属丝上

10

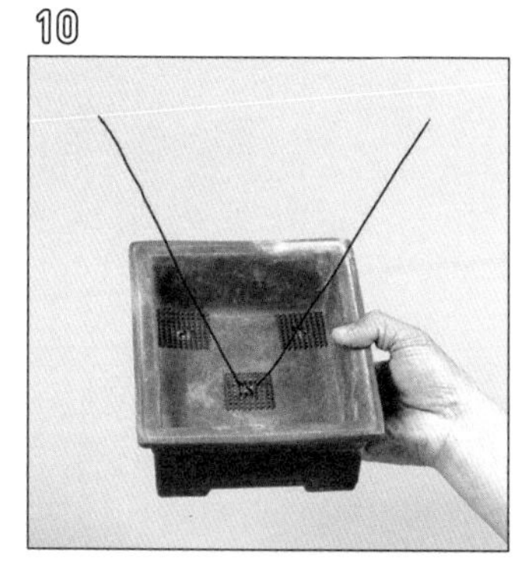

将细金属丝从盆底穿过垫片的网孔

11

在盆内装上固定树用的金属丝后，倒入约 1 厘米厚的中粒土

12

将要换盆的树从盆中拔出

13

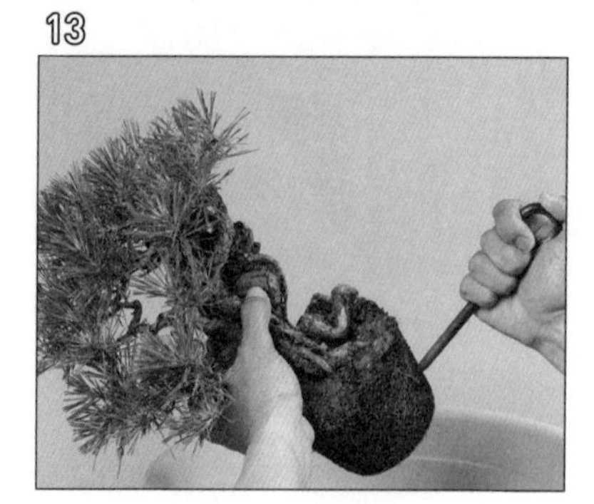

用铁片等工具松根并拍落土壤

将长根修剪至原来长度的 1/3~1/2

15

将树放入装有中粒土的盆里。确认好朝向和倾斜角度等，再决定栽种的位置

16

决定好位置之后放入中粒土

17

用筷子等作为辅助将树根埋入盆土内。种植的高度和角度也可在此时调整

18

将固定用的金属丝把树根牢牢固定住

19

加上小粒土，换盆完成

用水苔装饰盆景

为了避免浇水导致盆土流失，建议在盆土的表面铺上水苔或山苔，还可作为装饰。下面就给大家介绍简单的操作方法。

1

用筛网研磨、过滤干燥处理后的水苔

2

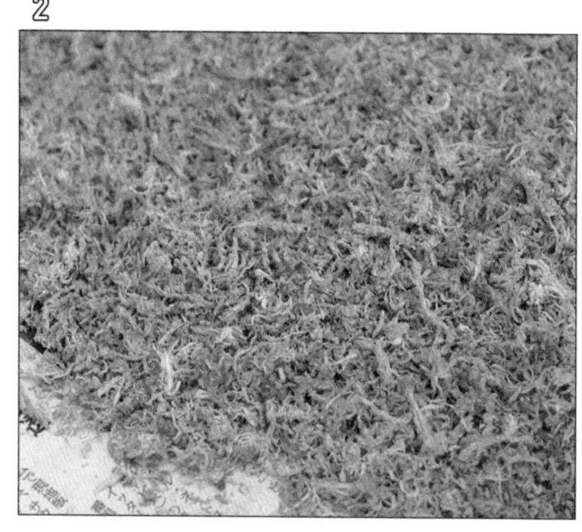

过滤后的细水苔（水苔粉）

3

加水，让水苔粉充分吸收

4

将吸水后的水苔粉铺在盆土表面

五针松（高 10 厘米、宽 10 厘米），
大西清二 藏品

黑松（高 11 厘米、宽 9 厘米），
大西清二 藏品

制作附石式盆景

石头和植物组合而成的盆景叫作附石式盆景。即便是小树苗，也能通过这种组合变成具有观赏性的盆景，所以非常适合新手学习和尝试。附石式树形分为有根在盆土中的抱石式和树附在石头上生长的贴石式两种。

抱石式树形的制作方法

在右图中间的石头上种植2株枫树树苗。为了在盆中凸显出石头，建议选用浅盆

1

将树苗从盆中拔出，拍落旧土

2

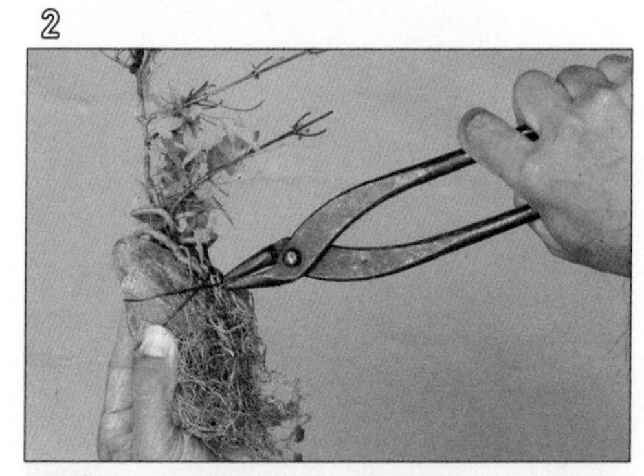

用金属丝将2株树苗和石头绑在一起。建议石头绑在树苗的后面，以便后期树苗的生长不会遮住石头

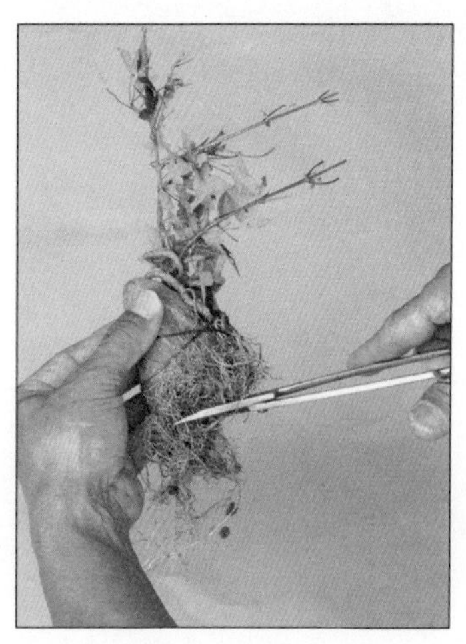

3

在石头底部以下约1厘米的位置修剪树根

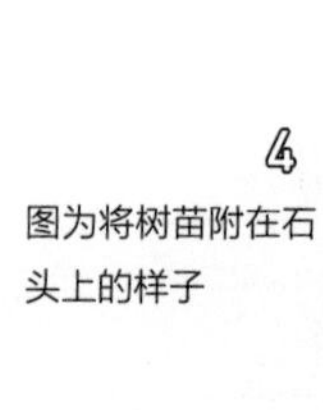

4

图为将树苗附在石头上的样子

5

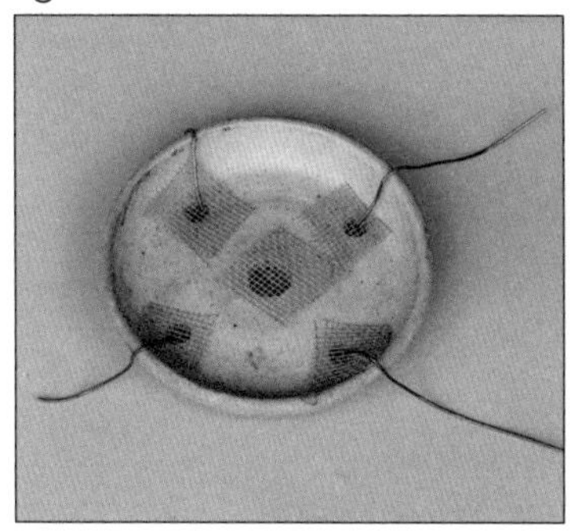

在盆底铺上垫片，将金属丝穿过垫片以固定树苗和石头

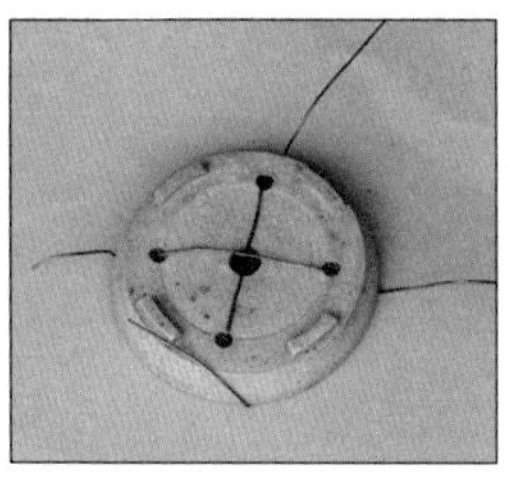

盆底背面的样子

6

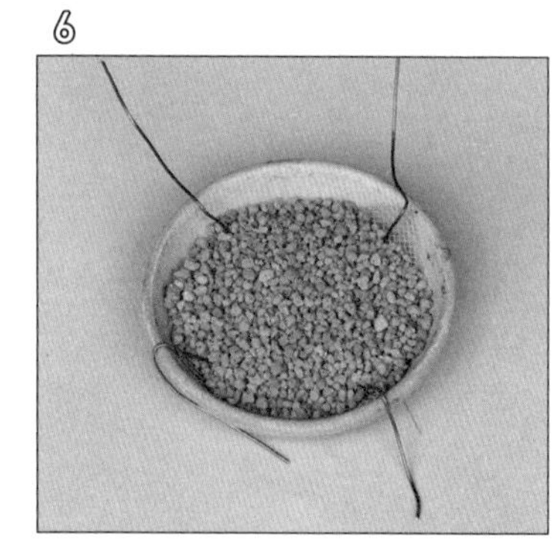

铺上少许小粒土。盆口较浅，所以不需要中粒土

7

将绑在石头上的树苗放入盆中

8

用金属丝将石头和树苗牢牢地固定住

9

继续用土填埋树苗的根部，栽种完成

10

从后面看盆景的模样。虽然有根部露出，但只要根部先端埋在土里就没有问题

贴石式树形的制作方法

1

准备 1 块大石头和 1 盆要栽种的五针松

2

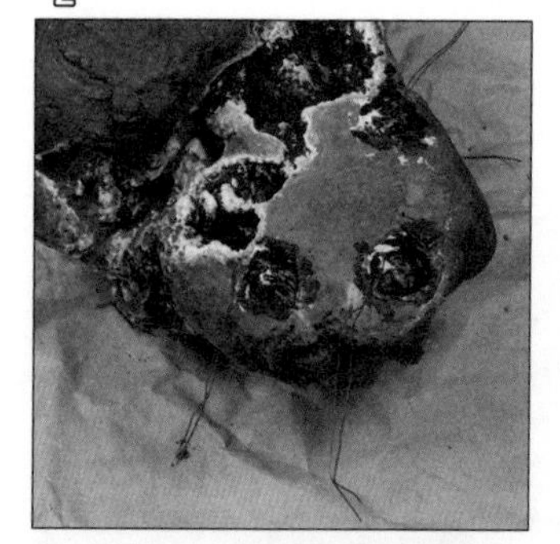

在石头要栽种的位置粘上固定用的金属丝，建议用环氧树脂胶粘剂粘贴

3

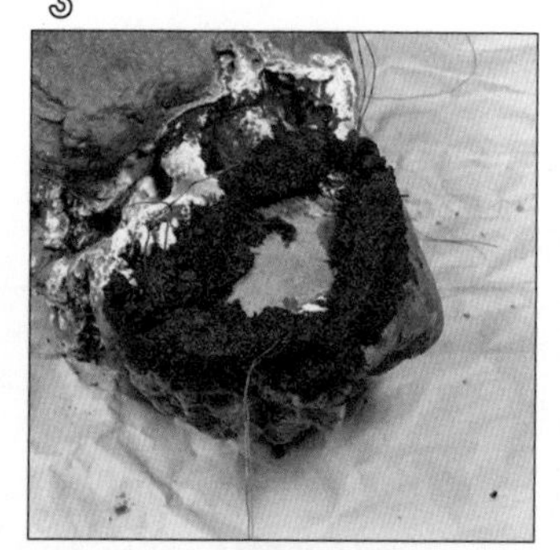

将酮土、赤玉土、水苔粉制成的培养土堆在要栽培区周围，形成堤坝状

4

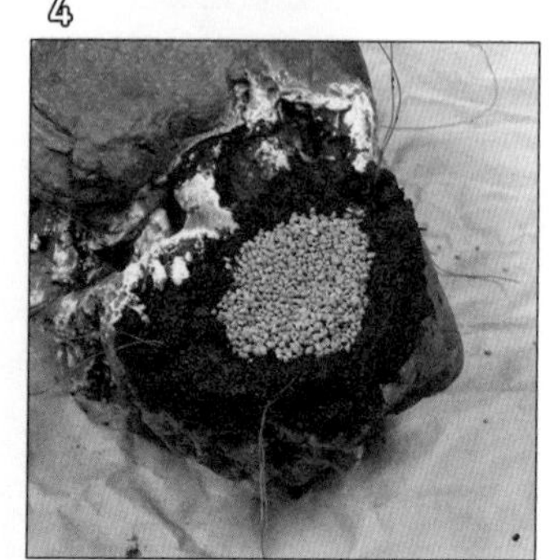

中央处用土填充

准备用土

1

准备酮土、小粒赤玉土、水苔粉、山苔粉

2

按同等比例混合酮土、小粒赤玉土、水苔粉，并加少量水进行搅拌

3

搅拌好的由酮土、赤玉土、水苔粉制成的培养土。最后加山苔粉，起到美化的效果

4

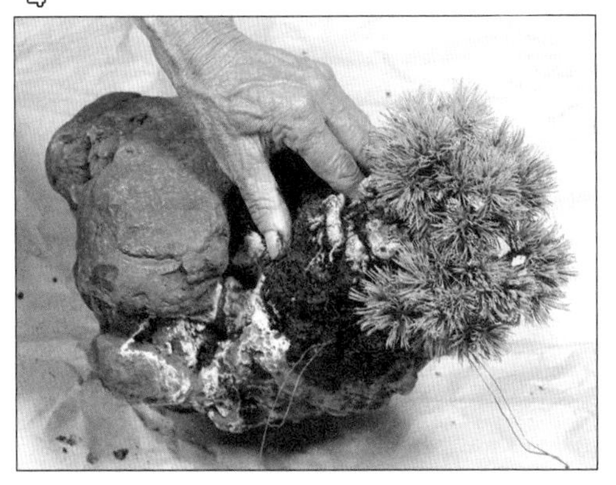

从盆里拔出树并粘到石头上。注意不要将根部的旧土全部拍掉，建议留一半

5

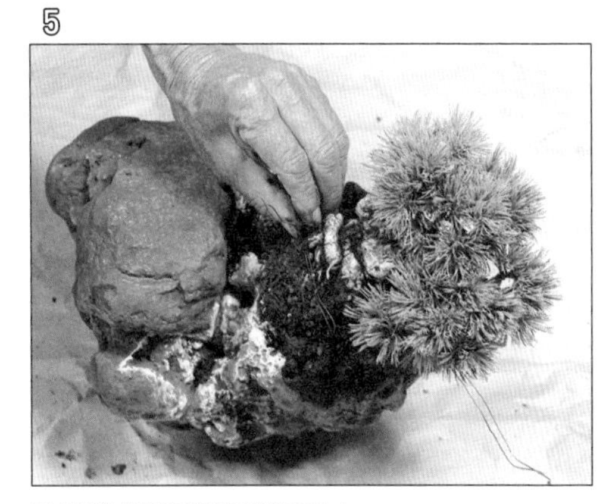

用金属丝将树牢牢地固定在石头上

6

在树根周围涂上由酮土、赤玉土、水苔粉混合而成的培养土

7

表面粘上山苔粉

8

栽种完成。浇水的时候，为了避免山苔粉和培养土被水冲走，宜用细口的长嘴喷壶、喷雾瓶等慢慢浇灌

重塑盆景

有些树经过几年的培育后，树形会变乱，为了重新塑形，就需要对树进行修剪、蟠扎、换盆等。即便是买回来的盆景，也能按照自己的喜好重新塑形。虽说不同的树木有不同的修整方式，很难一概而论，但有的也可作为参考。下面以2株黑松为例，向大家展示如何重新整形。

黑松的重新塑形 1

1

重新塑形之前的黑松盆景（高 30 厘米）。右侧向前生长出来的枝条把树干遮住了，给盆景整体带来了厚重感

2

剪掉向前生长的枝条后，树干清晰地显露出来。在小小的圆盆里调整树干，让树干稍微立起来一些，然后蟠扎小枝。树干的挺立姿态和复杂的树纹变得清晰可见，增强了盆景的特色。过些时日，树上还会长出新芽，形成完整的树形（高 25 厘米、宽 45 厘米，松井孝 藏品）

黑松的重新塑形 2

1

将提根式树形的黑松种植在等腰高的花盆内。图中 A 所指的空隙部分稍显突兀

2

为了填补该处空隙，可用金属丝拉紧树枝

3

用金属丝固定之后的盆景模样。比图 1 中所示的状态要收紧了一些

4

因为长出了新芽，所以要对其进行修剪

5

剪掉新芽之后的模样。带有独特韵味的树根变得清晰可见

6

之前的盆太大了，所以把树换到小盆中，整体便成了微型盆景

用压条法重塑盆景

当想剪截长大的树时，通过压条法，就可以充分利用树木的上部分，让树干长出新根，实现树木的繁殖。具体操作是，先在想要生根的地方剥下约1厘米宽的树皮（称为环状剥皮），先用水苔包裹，然后用塑料袋包住，以便保湿。不久生根后，割开生根处，与本体分开种植。虽然等待生根的过程要花点时间，但并不太费事，如果有生长过旺的树，就试试这种方法吧。

枫树，最好在春天进行环剥，夏天分离种植。

压条的顺序

1

生长稍微过旺的枫树，要用中央处树干的中间部位进行压条

2

用剪刀或刀在树干欲压条的地方剪出间隔约 1 厘米的两处刻痕

3

在两处刻痕之间纵向划一条刻痕，剥下整圈树皮

4

剥去树皮之后的模样。如果剥去树皮的部分仍为绿色，树干就难以生根，所以需要继续剥皮，直至树干中心出现图中浅绿色的部分

5

剥去树皮的部分用水苔包裹

6

用塑料袋等工具将水苔包裹，下面绑紧。塑料袋上面即使开口也没关系。为了避免水苔变干，每次浇水的时候，也要顺便浇灌这一部分

7

树种和季节不同，植株生根的时期也会有所不同。不过基本上在 3 月左右生根

8

树木生根之后，用修剪枝条的工具将生根的部分从其下面剪断进行分离

9

分离之后，剪掉长长的枝条

10

连水苔一起种到盆里

11

修剪枝条并重新栽种后的树（左）。由此，原本的 1 株树就变成了 2 株

制作苔玉盆景

绿色的苔玉会给人清爽的感觉，在苔玉之上再种草木，还能增加观赏性。整个制作方法很简单，只要备好材料就能轻松完成。苔玉盆景可以说是不用费很多精力培育便能观赏的盆景之一。

苔玉盆景的制作方法

苔玉上种有香根草和槭树，再加上鞍马石或水盘会更具美感

1

将要种在苔玉上的香根草和槭树。从盆里取出植株并拍去旧土，用水清洗根部

2

将酮土、赤玉土、水苔粉混合制成培养土（参见第 104 页），加水量比在制作附石式树形时的要少些，有助于混合物成团块状，便于之后的操作

3

在槭树植株根部的中心处，涂上用酮土等混合而成的培养土

4

在根部周围涂上培养土，放上香根草

5

继续添土使其成球状。调整树形，让槭树和香根草之间保持平衡

6

在培养土的周围贴上山苔

7

用线在球根处缠绕，使山苔不易脱落。线宜用不显眼的黑色棉线

8

苔玉种植完毕。放置在鞍马石或是水盘等器具之上，平时注意浇水，以免植株干燥

不同树种盆景的养护

黑松

作业	1月	2月	3月	4月	5月	6月	7月	8月	9月	10月	11月	12月
每年要进行的作业		修枝					剪芽				修枝	
几年一次或是根据情况进行的作业			蟠扎	换盆				换盆 给叶面喷水			蟠扎	
其他作业	播种：9月下旬~10月、3月中旬~4月上旬/施肥：3~5月、8月下旬~10月											

摆放的场所　放在全年有光照、通风良好的地方。

剪芽　春天萌芽后会长出长长的新叶，难以与枝干协调，所以需要修剪初芽让其萌发二次芽。二次芽会长出短叶，就具有观赏性了。新芽展开叶子的6月中旬~7月中旬，需要将所有的新芽从基部进行统一修剪。剪芽之前要先施肥，让树木变得强健。修剪完新芽之后，当一枝条的顶端再次并且长出3个以上新芽时，要留其中的2个，去掉其他多余的新芽。需要注意的是，若想让幼树的枝条变粗，就不要修剪新芽，应当任其生长。

换盆和修枝　每2~5年进行1次换盆，适宜在萌芽的3月中旬~4月下旬及8月进行。夏天换盆之后，要将盆景放置在半日阴处养护。修枝宜在10月~第2年3月进行。冬天将修枝和蟠扎后的盆景放置在室内养护。

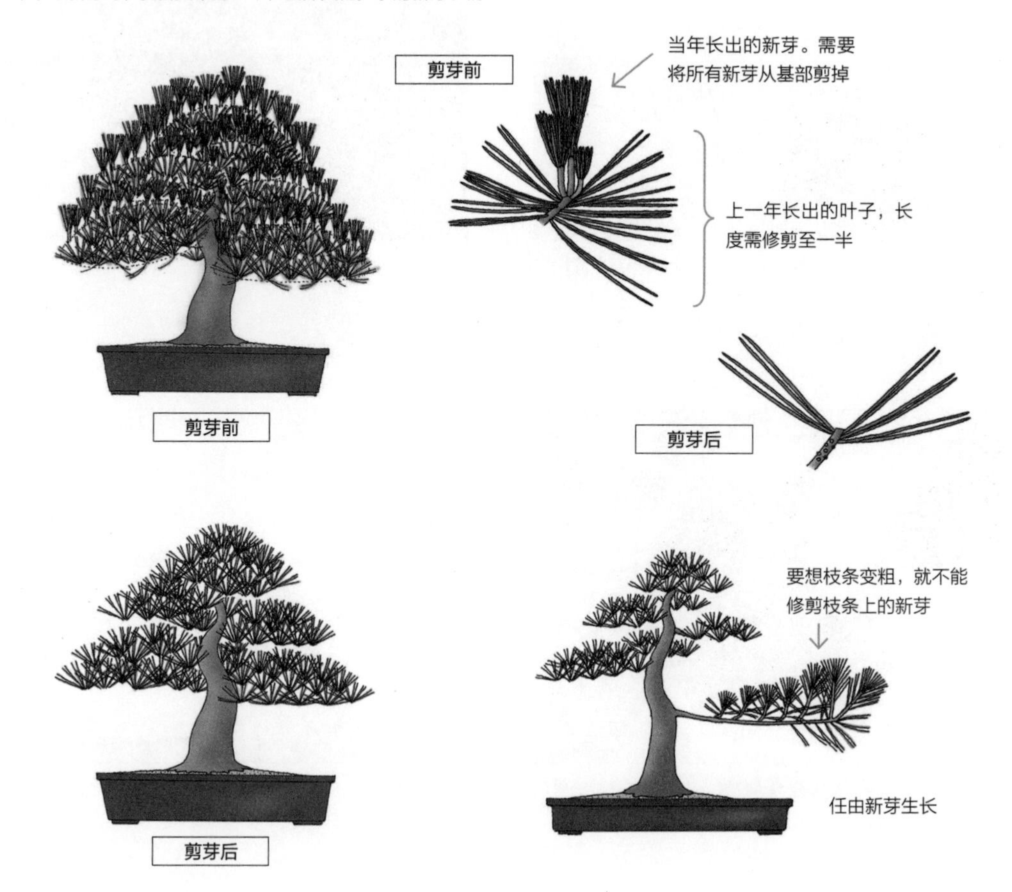

五针松

作业	1月	2月	3月	4月	5月	6月	7月	8月	9月	10月	11月	12月
每年要进行的作业			修枝		摘芽					修枝 疏叶		
几年一次或是根据情况进行的作业			换盆 蟠扎					换盆			蟠扎	
其他作业	播种：3 月 ~4 月中旬、11 月 / 扦插：6 月中旬 / 施肥：3 月中旬 ~5 月、8~10 月											

摆放的场所　因为五针松喜光照，所以宜放在有阳光、通风良好的地方。但是，幼树和小盆景在酷暑时期，要用寒冷纱等遮盖直射的阳光。

摘芽　养护的要点在于，通过摘芽让节间处长满小枝条。当在一处长出多个新芽的时候，将其中长势较好的新芽从基部摘除。剩下的新芽，成叶的部分要留 2~4 束，然后将其先端用指尖折断。摘芽的时期根据树木的长势而定，4 月下旬 ~5 月，可以用手指折断、摘除。

疏叶　进入 10 月后，老叶就会变得枯黄，所以要整理并摘掉这些叶子。然后将长了 3 年之久的叶子全部摘掉。并将混在一块、长了 2 年之久的叶子摘除一些，使叶子之间隔开一些距离，这样有利于透光，改善通风环境，让新芽和剩余的叶子能吸收到更充足的营养。

换盆和修枝　每 2~5 年进行 1 次换盆，在开始萌芽的 3 月中旬 ~4 月中旬，或是新梢长好的 8 月中旬 ~9 月中旬，栽种于排水好的土壤中，注意换盆过程中不要伤到植株根部。夏天栽种之后，要放在半日阴处养护 1 周左右。修枝宜在 2 月中旬 ~4 月中旬和 9~11 月进行。

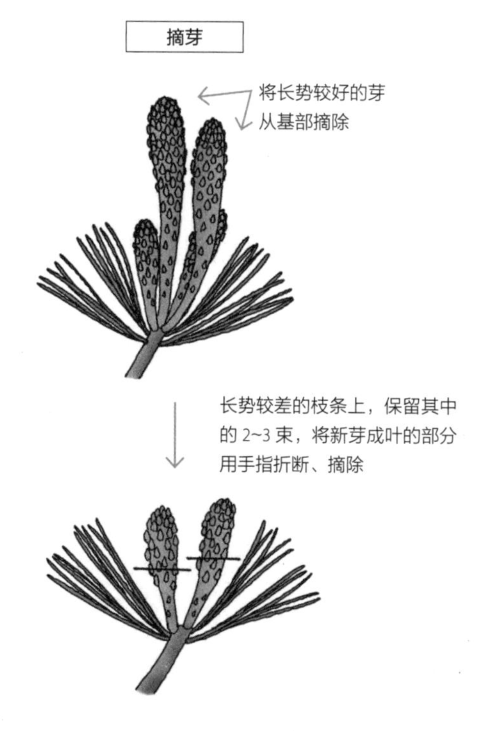

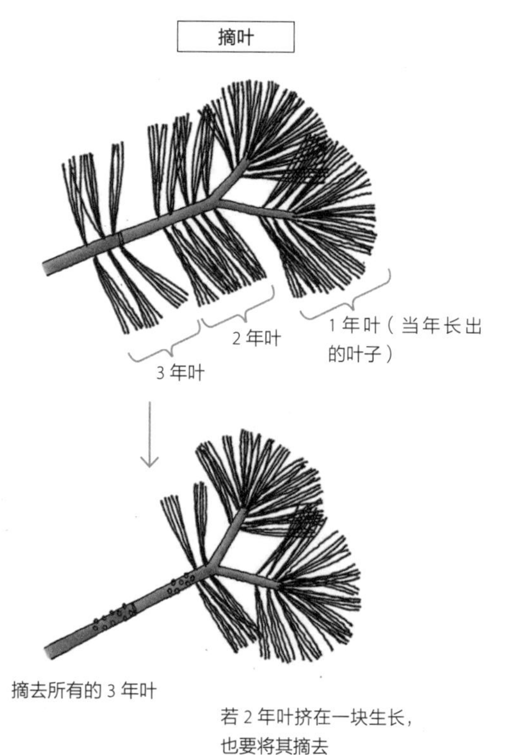

赤松

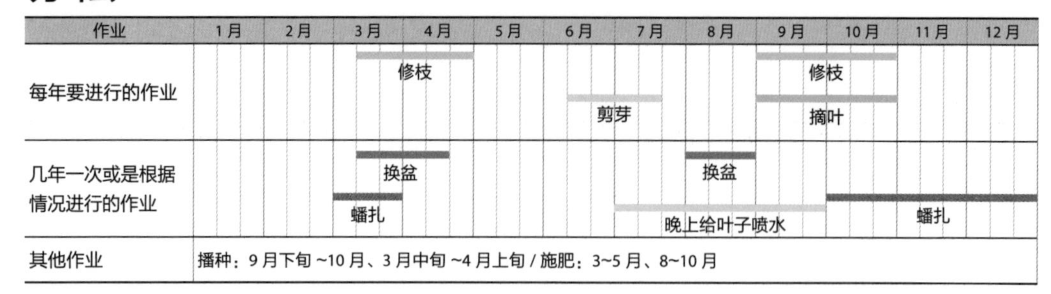

摆放的场所　放在全年有光照和通风良好的地方，倘若在光照不足的地方，树枝容易枯萎。赤松对空气质量敏感，若放在容易被煤烟和废气污染的地方，浇水时，需要对叶子喷水进行清洗。

剪芽　在新芽开始生长的 6 月中旬 ~7 月中旬，用和黑松同样的方法剪芽。发黄的叶子应剪掉。

换盆和修枝　幼树每 2~3 年进行 1 次换盆，成年树每 4~5 年进行 1 次，适宜在萌芽开始的 3 月中旬 ~4 月中旬，或是新梢稳定生长的 8 月进行。修枝适宜在 3 月中旬 ~4 月和 9~10 月进行，只对长势较好、强健的树木进行粗枝的修剪，否则容易伤到树木。

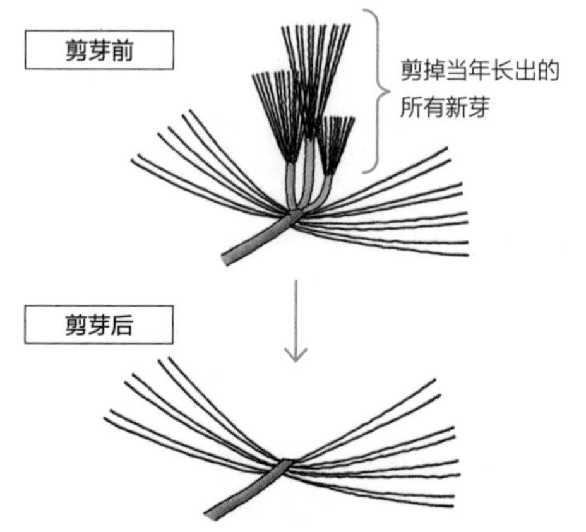

鱼鳞云杉

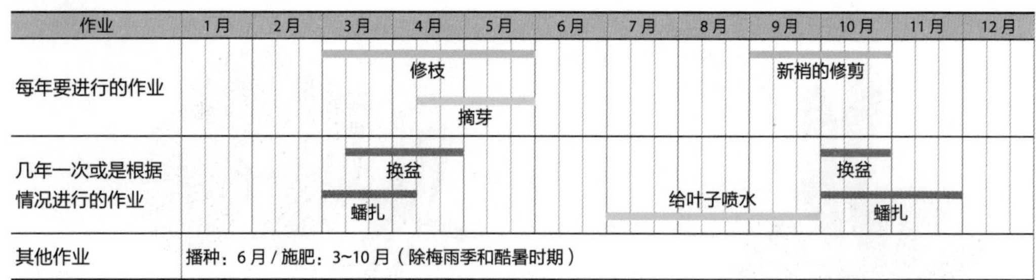

摆放的场所和浇水　春秋两季要放在有光照和通风良好的地方。夏天放在半日阴处，以免叶子被灼伤，冬天放在风吹不到的地方。因为该树讨厌干燥，所以表土微干的时候需浇充足的水。浇水的时候也要给叶子喷水。枝叶较多的树，下雨时，水也有可能无法渗进土内。所以即使在雨后，也要确认盆土的湿度，必要时及时浇水。

摘芽　4 月中旬 ~5 月，芽开始生长。按顺序依次摘芽，使植株增加小枝，方法是在新芽下叶开始张开、先端还呈球状时，用指尖捏住新芽，然后掐去。长势较好的芽可以多掐一些，长势较差的芽需要少掐一些，从而使整个枝条保持平衡。新梢密生的部分，宜在 9 月每处留下 2 个新芽，剪掉其余的新芽。

换盆和修枝　每 2~5 年换盆 1 次，宜在萌芽开始的 3 月中旬 ~4 月和 10 月进行。与黑松、五针松、真柏等相比，换盆时根部的修剪切口要小一些。修枝宜在 3~5 月和 9~10 月进行。

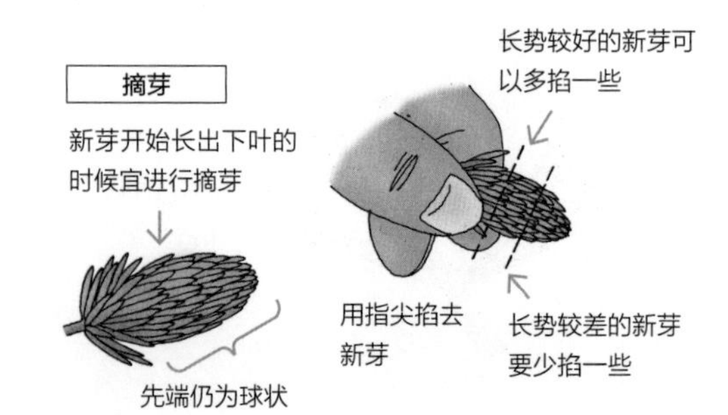

真柏

作业	1月	2月	3月	4月	5月	6月	7月	8月	9月	10月	11月	12月
每年要进行的作业				修枝				摘芽			修枝	
几年一次或是根据情况进行的作业			蟠扎	换盆							蟠扎	
其他作业	扦插：5月下旬~6月下旬 / 施肥：3~10月（除梅雨季和酷暑时期）											

摆放的场所和浇水　放在全年有光照和通风良好的地方。因为该树不喜潮湿，所以宜放在微干的环境中。要充分浇水，并给叶子喷水。

摘芽　修整树形，要点就在于摘芽。不摘芽就会造成芯芽长，周围部分虚弱甚至枯萎。在萌芽生长旺盛的5~10月，宜多次摘芽。用指尖轻轻捏住从叶层突出的部分，然后一拧，就能轻松摘除。用剪刀剪芽，切口处容易干枯，也不美观，所以建议用手摘除。

换盆和修枝　每1~3年换盆1次，宜在3月上旬~6月进行。修枝宜在3~4月和10~11月进行。树枝和树根在修剪过后，会随着过湿或过干等环境的变化而变化，容易长出杉叶。杉叶长出来后观赏价值会降低，所以建议不要修剪过度。

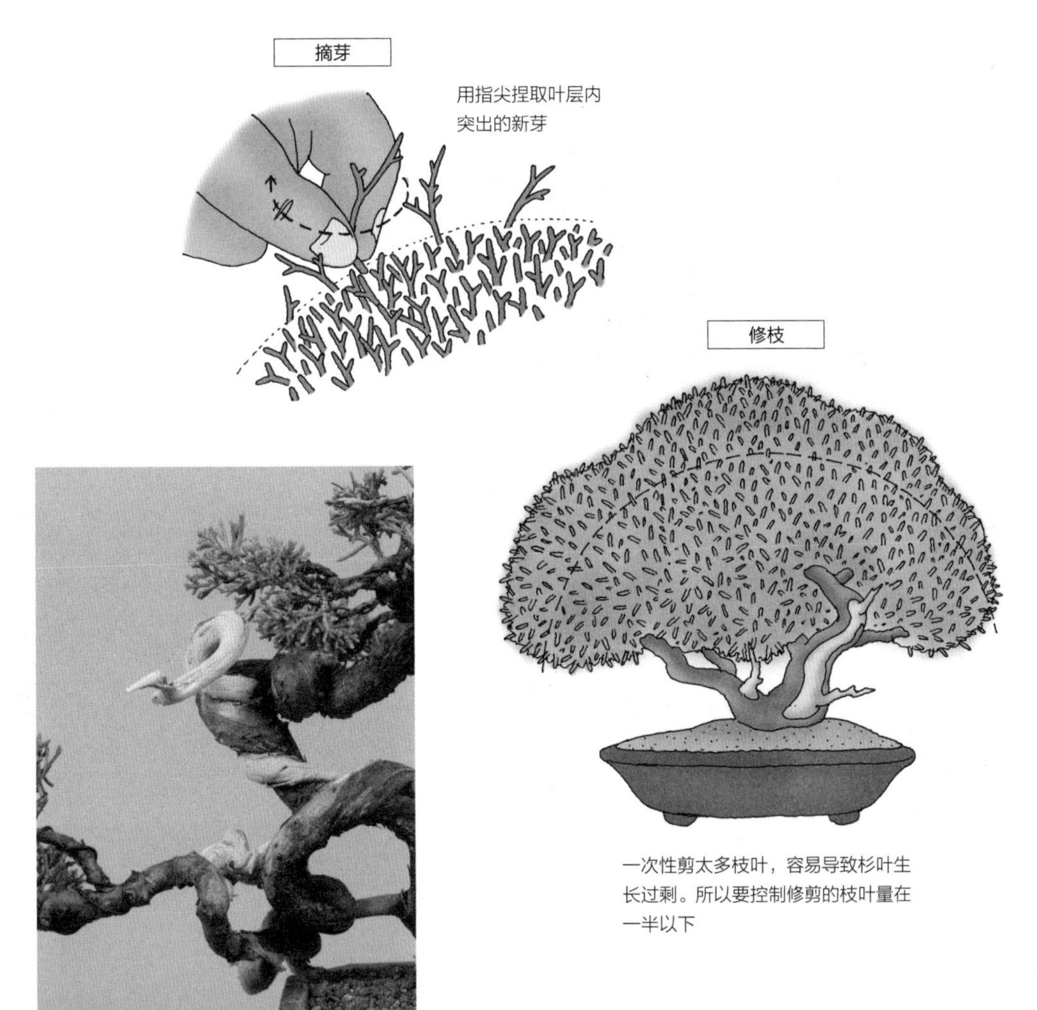

一次性剪太多枝叶，容易导致杉叶生长过剩。所以要控制修剪的枝叶量在一半以下

杜松

作业	1月	2月	3月	4月	5月	6月	7月	8月	9月	10月	11月	12月
每年要进行的作业				修枝			摘芽 晚上给叶子喷水					
几年一次或是根据情况进行的作业				蟠扎	换盆					换盆	蟠扎	
其他作业	扦插：3 月中旬 ~4 月中旬、6~7 月 / 施肥：3~10 月（除梅雨季和酷暑时期）											

摆放的场所和浇水　春天至秋天放在有光照的通风处，冬天放在寒风吹不到的地方。喜水，表土干后需浇充足的水。傍晚给叶子喷水也有利于植株生长。

摘芽　从春天开始，就会不断有新芽冒出。在 5 月 ~10 月中旬可多次摘芽，以便增加小枝。要在新芽先端未开之前摘芽，并保留原来的一部分，可用手指将芽尖的部分摘下。若想让枝条长得粗一些，就要少摘芽，待枝条长到一定程度后，再用剪刀剪芽。

换盆　每 2~4 年换盆 1 次，宜在 4~6 月或 9~10 月天气转暖，叶子从霜冻中恢复绿色的时候进行。当芽长出来的时候，要摘芽后再换盆。

修枝　如果2~3年内多次摘芽，会使得小枝生长茂密，枝条变厚，看上去会有沉重感。为了让盆景看起来更加清爽，可以在4~5月把小枝剪掉，让盆景变得更加美观。

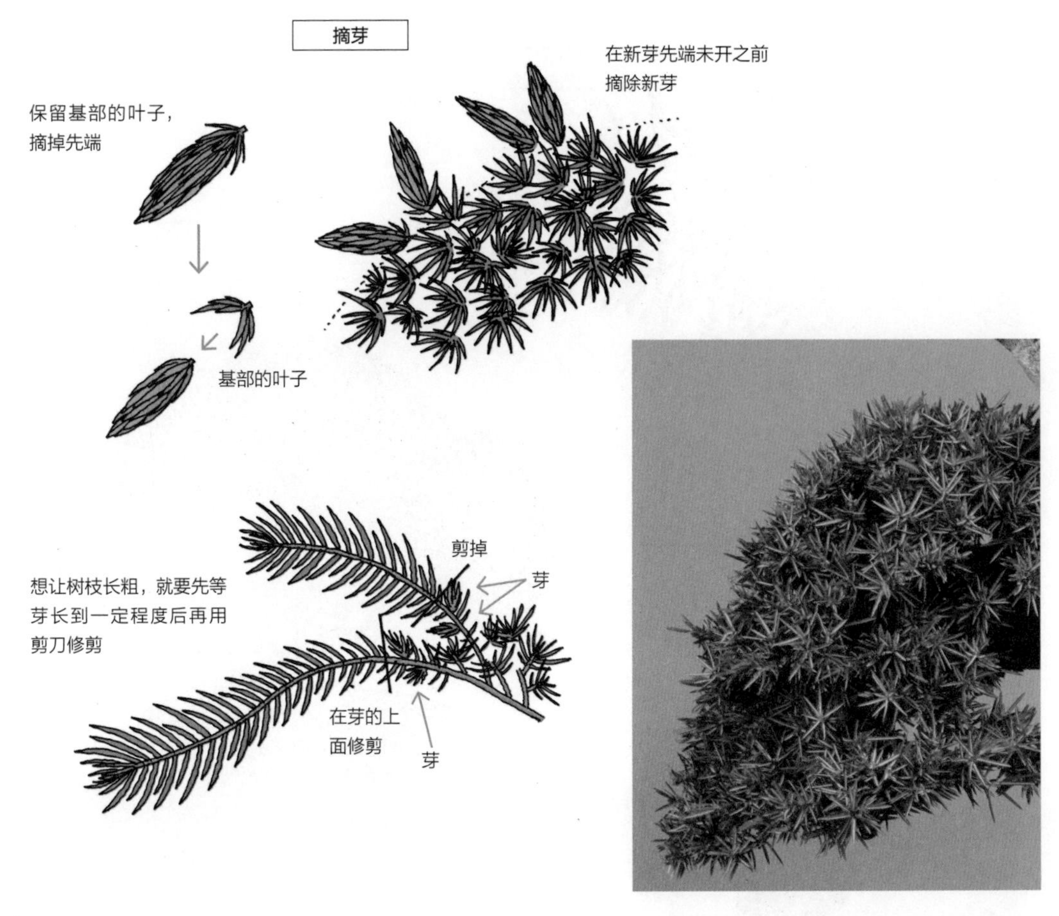

东北红豆杉

作业		1月	2月	3月	4月	5月	6月	7月	8月	9月	10月	11月	12月
每年要进行的作业	修枝		修枝	修枝							修枝	修枝	
	摘芽				摘芽	摘芽	摘芽						
	摘掉老叶											摘掉老叶	
几年一次或是根据情况进行的作业	换盆			换盆	换盆					换盆			
	蟠扎			蟠扎							蟠扎	蟠扎	蟠扎
其他作业	播种：秋收时期（种子成熟后采收即种）、2月下旬~3月 / 扦插：5月下旬~6月 / 施肥：3~10月（除梅雨季和酷暑时期）												

摆放的场所　放在阳光充足和通风良好的地方，但在夏天强烈的阳光下植株会不耐受，最好在盛夏期间用寒冷纱遮盖，或者放在午后阳光照射不到的地方。

摘芽　当新芽开始萌发时，通过摘芽可促进小枝生长。摘芽按照芽生长的先后顺序进行。叶子长开时，根据树的长势，摘掉芽的先端，保留芽的1/3~1/2。长势较好的芽要从基部摘除，可促发二次芽。

摘叶　秋天将上一年长出的叶子全部摘掉，摘掉的叶痕处就会出现新芽。等到第2年叶子完全长开后，再剪断顶部，就可以促进枝条数量的增加。

换盆和修枝　幼树每3年换盆1次，成年树每3~5年换盆1次。当芽生长得快要饱满的3月中旬~4月上旬或9月中旬为换盆的佳期。在春天换盆的时候，幼树、成年树都要自根尖处切去1/3，旧土能去掉多少就去掉多少。因为根很细，所以要注意不合理的拆根会损伤根部。修枝宜在2~3月和10~11月进行。

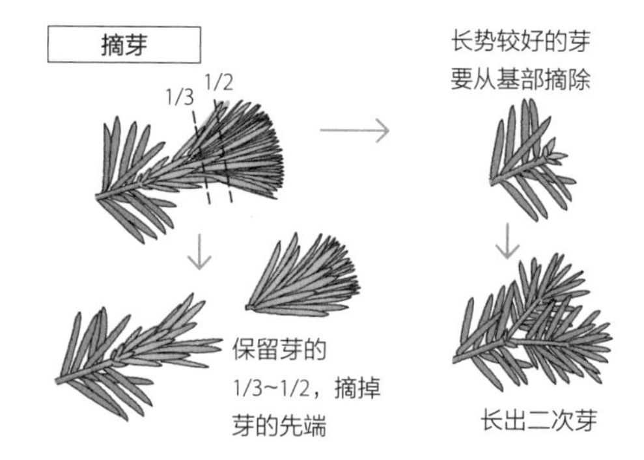

日本柳杉

作业		1月	2月	3月	4月	5月	6月	7月	8月	9月	10月	11月	12月
每年要进行的作业	修枝				修枝	修枝	修枝			修枝	修枝		
	摘芽、修剪小枝					摘芽、修剪小枝	摘芽、修剪小枝	摘芽、修剪小枝	摘芽、修剪小枝	摘芽、修剪小枝	摘芽、修剪小枝		
几年一次或是根据情况进行的作业	换盆				换盆	换盆				换盆			
	蟠扎				蟠扎	蟠扎	蟠扎			蟠扎	蟠扎		
其他作业	播种：秋收时期、4~5月 / 扦插：3月中旬~4月、6~7月 / 压条：4月~5月上旬 / 施肥：3~10月（除梅雨季和酷暑时期）												

摆放的场所　放在向阳、通风处。冬天放在户外也没关系，霜冻会使叶子变成茶褐色。

摘芽　日本柳杉生长快且旺盛。在10月之前一直会有新芽生长，所以要勤摘芽。用手指捏住芽尖，摘下时要留少许基部。在摘芽的同时修剪小枝。修剪的时候，为了不剪掉其余叶子的叶尖，应将剪刀斜插入枝条，只剪掉枝干的部分。修剪时，被修剪的叶尖会变为褐色，并不美观。所以建议用锋利的小刀代替剪刀修剪。

换盆和修枝　幼树每2年换盆1次，成年树每3~5年换盆1次，在芽开始变绿的4~5月或9月换盆。因为不耐寒和空气干燥，故选择在空气湿度大、温暖的天气下换盆会比较保险。4~6月、9~10月是适宜修枝的时期。

榉树

作业	1月	2月	3月	4月	5月	6月	7月	8月	9月	10月	11月	12月
每年要进行的作业			修枝			摘芽、剪芽、修剪新梢 剪叶					修枝	
几年一次或是根据情况进行的作业			换盆			换盆 蟠扎						
其他作业	播种：秋收时期、2月下旬～3月中旬 / 扦插：6月～7月中旬 / 压条：5月下旬～6月 / 施肥：5月、8月下旬～10月											

摆放的场所和浇水　春秋两季要放在有光照且通风的地方，冬天放在寒风吹不到的地方，喜水，如果表土变干了就要浇足水。

摘芽　在9月之前一直会有新芽生长，所以要勤摘芽。当叶子长到5~6片时，用手指掐尖，留下基部的3~4片。在枝条基部等处易生出不定芽，所以只要发现不需要的芽，就要将其摘除。

剪叶　长势较好的树，在新叶长成的6月修剪树叶，可以促生小枝。用剪刀将叶子从叶柄处一片片地剪下来即可。水肥管理比较好的幼树可以进行二次修剪。

换盆　因为根长得快，所以幼树、成年树每年都要换盆，萌芽开始的3月是最适合换盆的季节，新芽长成的梅雨季也可以进行换盆。

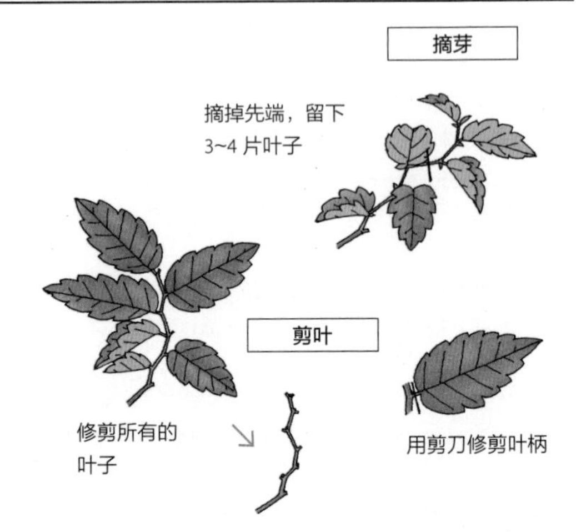

山毛榉

作业	1月	2月	3月	4月	5月	6月	7月	8月	9月	10月	11月	12月
每年要进行的作业			修剪 摘芽（发芽之前将已有的大芽摘掉）				修剪新梢					
几年一次或是根据情况进行的作业			换盆			蟠扎						
其他作业	播种：秋收时期、3月中旬～4月中旬 / 扦插：5月中旬～6月 / 压条：4~5月 / 施肥：4~5月、8月下旬～10月											

摆放的场所和浇水　春秋两季放在有阳光的通风处，夏天放在半日阴处，冬天放在寒风吹不到的地方。喜水，缺水时叶尖会变成茶色，表土开始变干的时候要充分浇水，夏天要注意别让植株缺水。

摘芽　不想让植株新梢长得过长，可在吐出新芽，芽如丝绵般伸长的时候，用手指摘下先端的叶子，保留2~3片靠近叶柄处的叶子。想要让枝条伸长生长时，要控制摘芽量，让新梢生长，等叶子长至4~5片后，再保留2~3片靠近叶柄处的叶子，剪掉先端。

换盆　幼树要每年换盆，成年树每2~3年换盆1次，宜在茶褐色的芽会发白的3月中旬～4月中旬进行。

不想让植株新梢长得过长时，要趁叶未展开时，留2~3片叶子，摘去先端

留3片叶子

要让新梢长长，就要等叶子展开后再进行修剪

槭树

作业	1月	2月	3月	4月	5月	6月	7月	8月	9月	10月	11月	12月
每年要进行的作业			修枝			摘芽、修剪新梢	剪叶				修枝	
几年一次或是根据情况进行的作业			蟠扎			换盆	蟠扎		换盆			
其他作业	播种：秋收时期、2 月中旬 ~3 月中旬 / 扦插：5 月下旬 ~6 月 / 压条：4 月中旬 ~6 月上旬 / 施肥：5 月、8 月下旬 ~10 月											

摆放的场所和浇水　春秋两季要放在有阳光的通风处，因为一旦灼伤叶子，就无法欣赏到红叶，所以从梅雨季开始到 8 月为止，要把槭树放在半日阴处。冬天，小枝密生的槭树要放在寒风吹不到的地方。夏天，注意不要让植株缺水。

摘芽　如果放任春天萌发的新芽生长，植株枝叶就会迅速生长，节间变长。若不想出现这种情况，就在植株吐芽时，用镊子将芯芽拔出来。想将其培育成枝条时，可在新梢长有 4~5 节时，保留 1~2 节，剪去先端。

换盆　幼树每年换盆 1 次，成年树每 2~3 年换盆 1 次，宜在 5~6 月进行。

枫树

作业	1月	2月	3月	4月	5月	6月	7月	8月	9月	10月	11月	12月
每年要进行的作业			修枝			剪叶 摘芽、修剪新梢					修枝	
几年一次或是根据情况进行的作业			换盆 蟠扎			换盆 蟠扎						
其他作业	播种：秋收时期、2月中旬~3月中旬 / 扦插：3月上旬~中旬，5月下旬~6月 / 压条：4月中旬~6月中旬 / 施肥：5月、8月下旬~10月											

摆放的场所和浇水　放在向阳和通风良好的地方，但小枝茂密的成年树，冬天要放在寒风吹不到的地方。喜水，若表土变得干燥，就要给植株浇足水。一旦缺水，叶子就会受损，秋天的红叶就会变得不好看。

摘芽　枫树萌芽较好，所以直到9月前后都要勤摘芽。当新芽长出来、新叶有4片的时候，就摘掉芯芽。想让新梢长成枝条，就不要摘芽，等它停止伸展后，保留1~2节，其余的剪掉。

摘不定芽　在枝条基部和分枝处经常出现不定芽，如果发现有多余的芽，就要摘掉。

剪叶　长势较好的枫树，要在6月修剪树叶，以便能增加小枝数。

换盆　枫树根生长旺盛，所以幼树要每年换盆，成年树每2~3年换盆1次，可在2月下旬~3月或5月中旬~6月进行。形成盘根状的根盘是枫树的魅力之一，因此，修整根盘也是换盆时的重要工作。

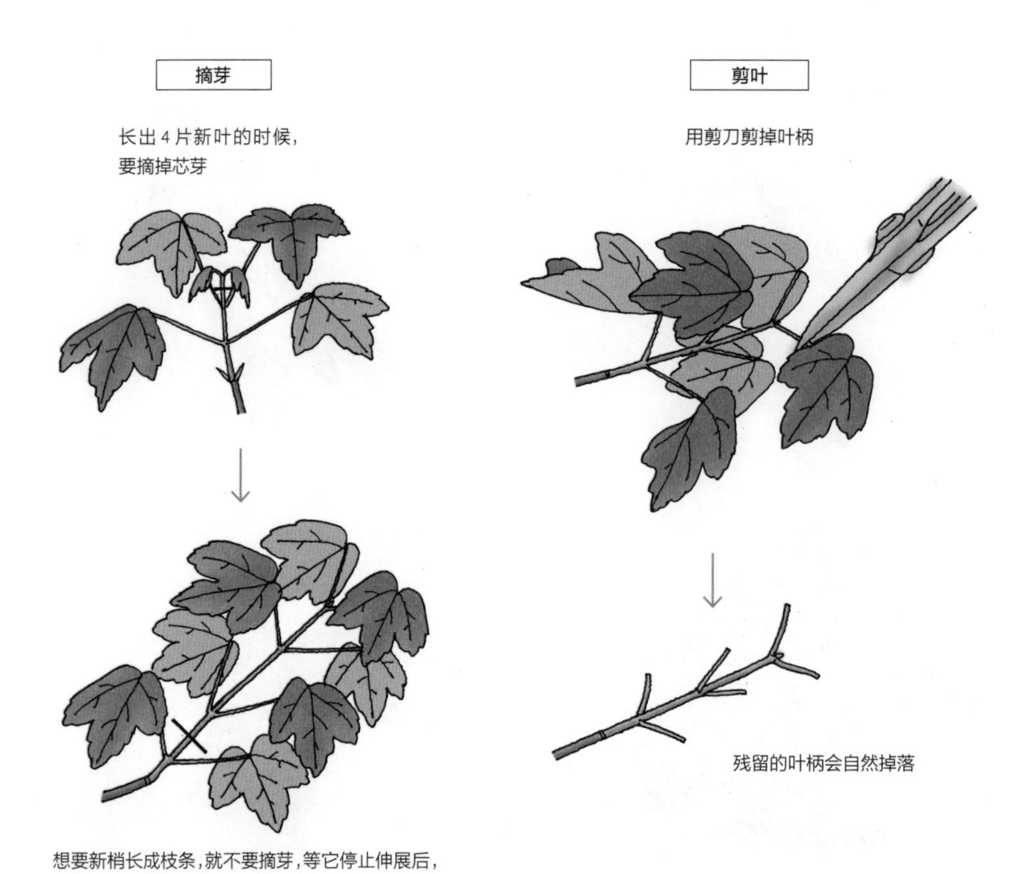

野漆

作业	1月	2月	3月	4月	5月	6月	7月	8月	9月	10月	11月	12月
每年要进行的作业			修枝			剪芽	剪芽					
几年一次或是根据情况进行的作业			换盆			蟠扎						
其他作业	播种：3月中旬~4月上旬 / 施肥：5月、8月下旬~10月上旬											

摆放的场所和浇水　春天至秋天应放在有阳光且通风良好的地方，冬天放在寒风吹不到的地方。经过夏天的阳光照射，之后长出的红叶会显得格外好看。根据当年的天气，从8月末开始叶子就会变红，进入红叶期，此期要注意强风，因为强风会加速落叶。另外，缺水会导致落叶病的发生，故表土干后需要浇充足的水。

剪芽　野漆是一种生长迅速的树。在新梢停止生长的6月~7月上旬要保留基部的2~3片叶子，剪掉先端。等到二次芽长出后，再剪掉先前留下的部分，就可以欣赏到小小的红叶了。

换盆　幼树每2年换盆1次，成年树每3年换盆1次，宜在萌芽生长的3月进行。因为植株生长力旺盛，每年换盆可让树木恢复活力，并促进发育。

剪芽

新梢停止生长之后进行修剪，保留2~3片叶子

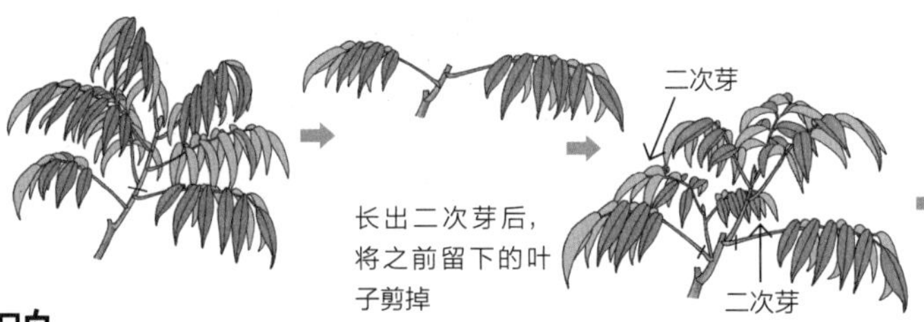

叶柄会自然脱落

可欣赏到由二次芽长成的小型红叶

九州杜鹃

作业	1月	2月	3月	4月	5月	6月	7月	8月	9月	10月	11月	12月
每年要进行的作业						修枝（花后）、修剪新梢						
几年一次或是根据情况进行的作业						换盆（花后） 蟠扎（花后）	给叶子喷水	给叶子喷水				
其他作业	播种：3月中旬~下旬 / 扦插：3月、6月 / 施肥：4~10月（除梅雨季和酷暑时期）											

摆放的场所和浇水　春天至秋天要放在有阳光且通风的地方。虽然属于高山植物，但是遇到寒风，小枝会枯萎，所以冬天应放在寒风吹不到的地方。九州杜鹃属细根型，不喜干燥，所以注意不能缺水，表土变干后要浇足水。不耐高温，夏天可在早晚给叶子喷水，能起到降温的效果。

摘花梗　为避免结籽，可在花谢后依次采摘花梗。

修枝　因为新梢会呈车轮状伸展，所以到了6月，每处留2根新梢，其余的从基部剪掉。留下的新梢，优先修剪长势较好的。因为一般顶部的分枝会比底部的更强健一些，所以修剪顶部的分枝时，可以多剪一些。夏天，花芽会新梢的顶端萌生。

换盆　每2年换盆1次，花后立即进行。因为根比较细，有时植株会因根部腐烂而枯死，所以宜使用透气性好的盆。换盆时把根部放得比盆缘稍微高一点，并用保水性、透气性、排水性好的土壤。

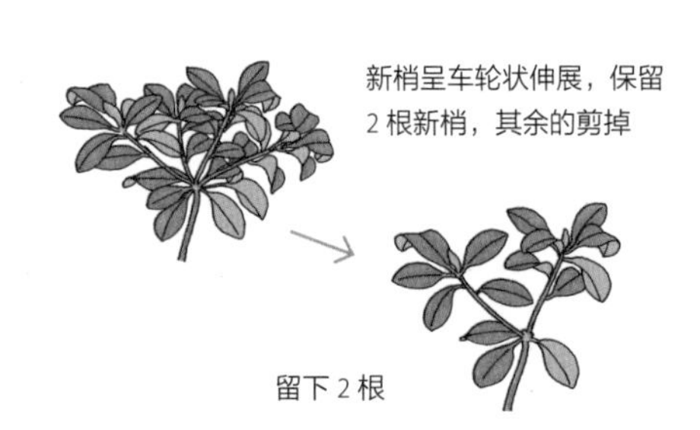

皋月杜鹃

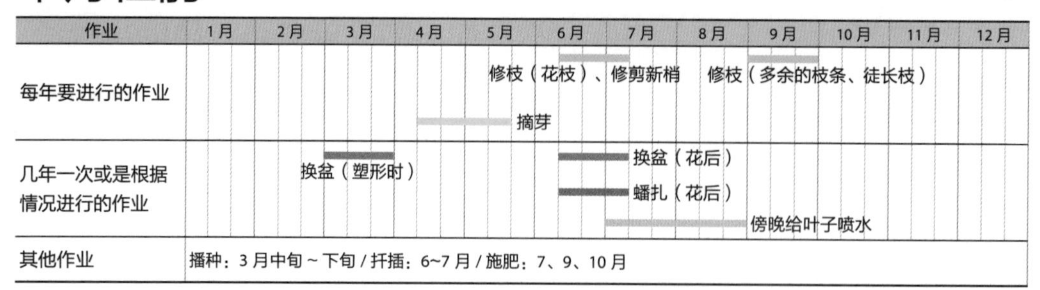

作业	1月	2月	3月	4月	5月	6月	7月	8月	9月	10月	11月	12月
每年要进行的作业				摘芽		修枝（花枝）、修剪新梢			修枝（多余的枝条、徒长枝）			
几年一次或是根据情况进行的作业			换盆（塑形时）			换盆（花后） 蟠扎（花后）	傍晚给叶子喷水					
其他作业	播种：3 月中旬 ~ 下旬 / 扦插：6~7 月 / 施肥：7、9、10 月											

摆放的场所和浇水　春秋两季放在有阳光的通风处，冬天放在寒风吹不到的地方，开花的时候应移到淋不到雨的地方。皋月杜鹃属于细根型，需水量大，表土变干后要充分浇水，直到水从盆底流出为止。开花期间，不要将水浇到花上，应给根部浇充足的水。

摘花梗　花后结果会让树的长势变差，所以需要摘掉谢花的花梗。

修枝　轮状花序的新梢，在花后需尽快进行修剪，每处留 2 根新梢，其余的从基部剪掉。留下的新梢长得太长时，也要适当进行修剪。

换盆　皋月杜鹃细根较多，若 2~3 年不换盆，根会长满整个盆，导致水流不通。幼树宜每年换盆 1 次，成年树每 2~3 年换盆 1 次，正在塑形的树宜在 3 月换盆，要进行赏花的盆景宜在花后尽快换盆。

山茶花

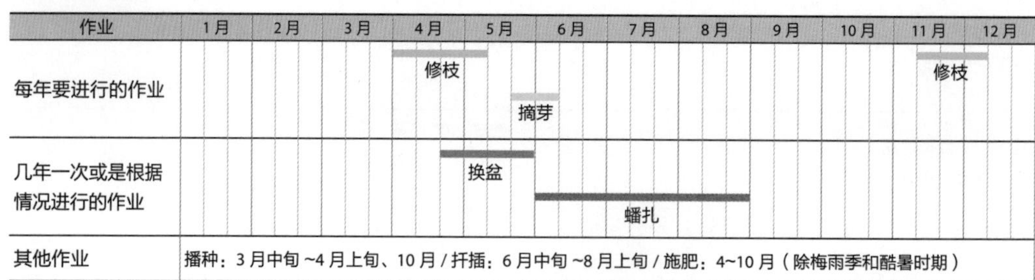

作业	1月	2月	3月	4月	5月	6月	7月	8月	9月	10月	11月	12月
每年要进行的作业				修枝	摘芽						修枝	
几年一次或是根据情况进行的作业				换盆		蟠扎						
其他作业	播种：3 月中旬 ~4 月上旬、10 月 / 扦插：6 月中旬 ~8 月上旬 / 施肥：4~10 月（除梅雨季和酷暑时期）											

摆放的场所和浇水　春秋两季要放在有阳光的通风处，在阴凉处也能生长，但会影响开花。冬天放在寒风吹不到的地方，开花时注意不要遇到霜冻。该树种缺水后会很难恢复，因此，在表土变干时，要给它浇充足的水。

修枝　花后、萌芽前对过长的枝条进行修剪。小芽多的细枝和长势较差的下垂枝等也要一并剪掉。6 月上旬左右，花芽开始在花后生长的新梢先端形成。

疏蕾　秋天修剪要在确认是否有花蕾后进行，同时也要疏蕾。如果枝头结了很多花蕾，就留 2~3 朵，其他的摘掉。

换盆　幼树、成年树均为每 2 年换盆 1 次，宜在天气变暖、室外空气稳定的 4 月下旬 ~5 月进行。因为根部易折，所以换盆的时候要小心些。

深山海棠

作业	1月	2月	3月	4月	5月	6月	7月	8月	9月	10月	11月	12月
每年要进行的作业		修枝	修枝		摘芽	摘芽						
几年一次或是根据情况进行的作业		换盆	换盆		蟠扎	蟠扎				换盆	换盆	
其他作业	播种：3 月中下旬、6 月中旬 ~7 月上旬 / 扦插：5 月上旬 / 施肥：4~10 月（除梅雨季和酷暑时期）											

摆放的场所和浇水　春秋两季放在向阳、通风好的地方，开花时不要被雨淋到。夏天，叶子容易被灼伤，所以宜放在半日阴处，冬天放在寒风吹不到的地方。因为喜水，当表土开始变干时，要进行浇水，直到水从盆底流出为止。

修枝　花芽生长在饱满的短枝顶端，在第 2 年春天萌芽并开花结果。长长的树枝几乎不长花芽。5 月 ~6 月上旬摘掉新梢上的芽尖。

换盆　每 1~2 年换盆 1 次，宜在 10~11 月或者芽开始变色的 2 月下旬 ~3 月进行。

梅花

作业	1月	2月	3月	4月	5月	6月	7月	8月	9月	10月	11月	12月
每年要进行的作业		修枝	修枝		摘芽	摘芽			修枝（徒长枝）	修枝（徒长枝）		
几年一次或是根据情况进行的作业		换盆	换盆			蟠扎						
其他作业	播种：11~12 月 / 扦插：3 月下旬 ~4 月上旬 / 施肥：3~10 月（除梅雨季和酷暑时期）											

摆放的场所和浇水　春天至秋天应放在向阳和通风好的地方，冬天放在不结冰的地方。作为新年时在室内开花观赏的盆景，为了不让其新芽萌发，要在花后将盆景放到屋外。表土干后要浇足水，以免植株缺水，特别是在萌发花芽的夏天和开花期，要注意经常浇水。

摘花梗和修枝　花后摘花梗，修剪枝条。修剪时一定要保留 2 个叶芽，然后将其上端剪掉。6 月，将长得太长的新梢尖端的芽剪掉。8 月左右是梅花的花芽分化期。秋季修枝时，应剪掉徒长枝和不长花的枝条。

换盆　梅花根部生长旺盛，如果 2~3 年不换盆，会引起根部堵塞，导致树木长势变差，所以需要注意定期换盆。宜每年换盆 1 次，一般在芽开始萌发的 2 月下旬 ~3 月进行，也可在花后尽快换盆。

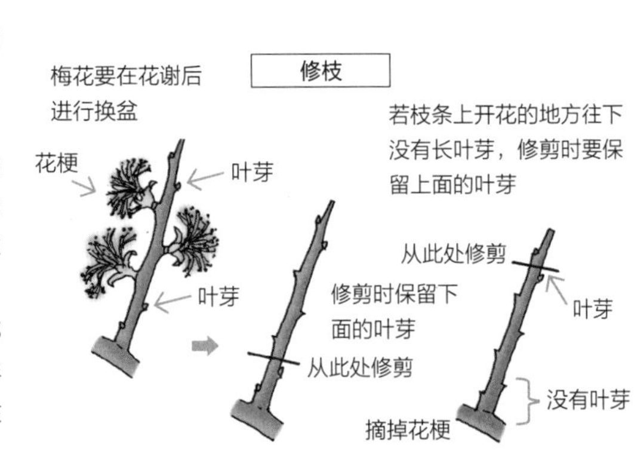

长寿梅

作业	1月	2月	3月	4月	5月	6月	7月	8月	9月	10月	11月	12月
每年要进行的作业					修剪新梢等（摘芽尖）				修枝（徒长枝）			
几年一次或是根据情况进行的作业					蟠扎				换盆			
其他作业	扦插：2 月中旬、6 月下旬 ~7 月上旬 / 根插：9 月中下旬 / 施肥：4~10 月（除梅雨季和酷暑时期）											

摆放的场所　春秋两季放在有阳光的通风处，夏天放在半日阴处，冬天放在寒风吹不到的地方。

摘花梗　花谢后，虽然保留花梗能结果，但树木的长势会变弱，所以花后要用手指摘掉花梗。

修枝　花木盆景重点在于欣赏其花，而不是树形。反复修剪长出的新梢，可能会导致花芽停止生长。一些长得太长、不美观的新梢，要在其停止生长的 5 月下旬 ~6 月上旬，将顶端稍微修剪一下。花芽多生长在粗壮的新梢和老枝上。9 月中旬 ~10 月上旬可以根据整体的树形再进行修枝。

处理根蘖　长寿梅的根部易长根蘖。根蘖小但生长力强，容易夺走老枝的营养。所以一旦发现根部长出多余的芽，就要将其从基部剪掉。

换盆　每 1~2 年换盆 1 次，宜在 9 月中旬 ~10 月上旬进行。

石榴

作业	1月	2月	3月	4月	5月	6月	7月	8月	9月	10月	11月	12月
每年要进行的作业				修枝（让小枝互生）		修枝（修剪枝条先端）						
几年一次或是根据情况进行的作业				换盆		蟠扎						
其他作业	播种：秋收时期、3 月 / 扦插：3、4、6、7 月 / 压条：6 月 / 施肥：4~10 月（除梅雨季和酷暑时期）											

摆放的场所　石榴不耐寒，若遇到霜冻，新芽的尖端会变黑、枯萎。所以冬天在下霜之前要把它移入室内，等到新芽开始生长、不再下霜时，再移到室外。在夏天，石榴也不喜阴凉，所以宜放在有阳光直射的通风处。

修枝　花芽生长在饱满的短枝顶端，第 2 年春天便会萌发，并开花、结果。长枝和弱枝在 4 月进行修剪。过长的新梢，要在花后尽快修剪，仅保留基部的 2~3 节。

处理不定芽　枝条基部和根部常长出不定芽，多余的不定芽应尽早从基部摘除。

换盆　幼树每 1~2 年换盆 1 次，成年树每 2~3 年换盆 1 次，宜在芽开始变色的 4 月进行。换盆时，将根从根尖处剪去 1/3 左右，并且要小心处理，避免根部切口腐烂。

淡黄新疆忍冬

作业	1月	2月	3月	4月	5月	6月	7月	8月	9月	10月	11月	12月
每年要进行的作业			修枝		修剪新梢							
几年一次或是根据情况进行的作业			换盆			蟠扎						
其他作业	扦插：3 月、6 月 ~7 月中旬 / 施肥：4 月、7~10 月											

摆放的场所　春秋两季放在有阳光的通风处。虽然该树种比较耐热耐寒，但是小品盆景在夏天要放在半日阴的地方，冬天要放在寒风吹不到的地方。初春换盆时，注意不要让植株遇到霜冻。

浇水　喜水，缺水容易导致果实掉落，所以表土变干后要浇充足的水。

修枝　宜在落叶期的 3 月修剪对生生长的枝条，以便整形。花后长出的新梢要剪短。因为顶部的生长力强，为了控制顶部的生长，促进下部枝条的生长，应将顶部剪短一些。

蟠扎　由于枝髓中空，枝条容易折断，所以对老树枝进行蟠扎时难度加大。因此，建议在新梢柔软的 6 月进行。

换盆　幼树每 1~2 年换盆 1 次，换盆时要剪掉 1/3 左右的根；成年树每 2~3 年换盆 1 次。宜在新芽开始变色的 3 月进行。

豆樱

作业	1月	2月	3月	4月	5月	6月	7月	8月	9月	10月	11月	12月
每年要进行的作业			修枝（多余的枝条、徒长枝）		修枝、摘芽、修剪新梢		傍晚给叶子喷水					
几年一次或是根据情况进行的作业			换盆			蟠扎					换盆	
其他作业	扦插：3 月、4 月上旬、6 月 / 施肥：4~10 月（除梅雨季和酷暑时期）											

摆放的场所　春天至秋天放在有阳光的通风处，冬天放在寒风吹不到的地方。初春刚换完盆的植株，注意避免遭遇霜冻。

浇水　喜水，若夏天缺水，树叶容易掉落，所以表土变干时要浇充足的水。

修枝　在 6 月下旬 ~8 月下旬，花芽会分化成新梢的腋芽，所以要在这之前（3 月或 5~6 月）进行修剪。修剪老枝时，为了不让腐败菌从切口侵入，需将愈合剂涂抹在切口上。

换盆　樱花类植株生根快，每 2~3 年不换盆就会引起根部堵塞，透气性、排水性变差，会导致植株枯死。所以建议每年将豆樱移入排水好的土壤中。换盆宜在新芽开始变色的 3 月或落叶后的 11 月进行。

梨

作业	1月	2月	3月	4月	5月	6月	7月	8月	9月	10月	11月	12月
每年要进行的作业			修枝（多余的枝条、徒长枝）		修剪新梢等							
几年一次或是根据情况进行的作业			换盆		蟠扎							
其他作业	扦插：3 月、6 月 ~7 月上旬 / 施肥：5~10 月（开花期到结果期应控制施肥量）											

摆放的场所　从春天到秋天都放在有阳光的通风处，开花时避开风雨。冬天放到寒风吹不到的地方。

浇水　喜水，待表土变干后浇充足的水，直至水从盆底流出为止。在结果期需水量多，所以注意不要让植株缺水。

修枝　修剪、整形在 3 月进行。在 6 月中旬之前，先剪去从春天开始生长的新梢先端，留 2~3 片叶子。如果二次芽也长成长的枝条，也应剪短，只留 2~3 节。花芽生长在饱满的短枝上，第 2 年春天，梨花会呈团簇状绽放。

换盆　梨树根部生长较快，如果 2~3 年都不换盆，树根就会在盆里缠绕，透气性、通水性变差，导致树的长势变差或果实掉落。幼树、成年树都宜在每年芽萌发的 3 月进行。

铃梨

姬苹果

作业	1月	2月	3月	4月	5月	6月	7月	8月	9月	10月	11月	12月
每年要进行的作业			修枝（保留花蕾、剪掉多余的枝条）			修剪新梢						
几年一次或是根据情况进行的作业			换盆			蟠扎				换盆		
其他作业	播种：秋收时期、2~3 月 / 压条：5 月中旬 ~6 月上旬 / 施肥：4~10 月（开花期到结果期应控制施肥量）											

摆放的场所　春秋两季放在有阳光的通风处，夏季放在半日阴处，冬季放在不受冻的地方。秋天换完盆的盆景，在冬天要保护起来。

浇水　喜水，特别是在开花期，缺水会导致结果少，所以表土变干后要浇足水。

修枝　一般在 3 月 ~4 月上旬进行。5 月下旬 ~ 6 月，剪去长得很长的新梢先端，只保留 2 节。新梢剪短后，萌发的二次芽就会长成短枝，短枝上长出的花芽成为第 2 年的开花枝。

换盆　因为姬苹果根部长得快，所以幼树、成年树每年都要换盆 1 次，可在芽开始鼓起的 3 月 ~4 月上旬，或者 9 月中旬 ~ 10 月进行。

提升结果率的方法　姬苹果不喜欢自花授粉，所以在开花时将与它是近亲的垂丝海棠等放在它的附近，可以帮助授粉。

盆景，将大自然中生存的草木姿态在小小的花盆中再现，放在桌上当装饰，还能增添古风韵味。很多人会认为盆景很难养护，因此畏难而退，但其实可以很轻松、很简单。

本书分为三部分，主要介绍了盆景的乐趣和看点、如何制作盆景及盆栽的修整。作者用浅显易懂的语言告诉大家在盆景日常管理工作中如何正确浇水、换盆、剪枝、蟠扎，以及不同树形的制作方式。另外，书中还包含树形新旧对比、不同树种盆景的养护实例等，有助于大家在打造与众不同的盆景的同时，还能享受制作盆景的乐趣。本书既适合初学者进行基础学习，也有助于高阶爱好者开发创意。

Original Japanese title：新装版 小さな盆栽づくり

Originally published in Japan by Shufunotomo Co., Ltd.
Translation rights arranged with Shufunotomo Co., Ltd. through Shanghai To-Asia Culture Co., Ltd.

北京市版权局著作权合同登记　图字：01-2022-0791 号。

原书工作人员
设　计　深江千香子
插　图　群境介
校　对　大冢美纪（聚珍社）
照片合作　ARSPHOTO 企划、S-media 出版
摄影合作　漆畑信市（苔圣园静冈市骏河区池田）、手冢俊夫（宇都宫市石那田町）、
关野正、松井孝、茂木启介、清水多喜子、松崎绫子
责任编辑　柴崎悠子（主妇之友社）

图书在版编目（CIP）数据

盆景制作与养护图解 / （日）松井孝监修；张文慧译. —北京：机械工业出版社，2023.7

ISBN 978-7-111-73216-7

Ⅰ. ①盆…　Ⅱ. ①松…　②张…　Ⅲ. ①盆景-观赏园艺-图解
Ⅳ. ①S668.1-64

中国国家版本馆CIP数据核字（2023）第095010号

机械工业出版社（北京市百万庄大街22号　邮政编码100037）
策划编辑：高　伟　周晓伟　　责任编辑：高　伟　周晓伟　刘　源
责任校对：梁　园　邵鹤丽　　责任印制：张　博
保定市中画美凯印刷有限公司印刷
2023年7月第1版第1次印刷
169mm × 230mm · 8印张 · 2插页 · 96千字
标准书号：ISBN 978-7-111-73216-7
定价：69.80元

电话服务
客服电话：010-88361066
010-88379833
010-68326294

网络服务
机　工　官　网：www. cmpbook. com
机　工　官　博：weibo. com/cmp1952
金　　书　　网：www. golden-book. com
机工教育服务网：www. cmpedu. com